GUIDE

PRATIQUE

Pompe à chaleur géothermique

Chauffage et rafraîchissement en maison individuelle

Conception, mise en œuvre et entretien

Peter RIEDERER

Illustrations
Franck DASTOT

CSTB
le futur en construction

SOMMAIRE

SOMMAIRE

Domaine d'application du guide

D'une manière générale, la géothermie peut être divisée en quatre grandes catégories : les hautes, moyennes, basses et très basses températures.

La production d'électricité est obtenue sur les sites à hautes et moyennes températures. La production de chaleur est obtenue à partir des sites géothermiques de basses températures qui utilisent les nappes d'eau chaude du sous-sol profond et de ceux de très basses températures qui utilisent le sol ou l'eau des nappes par l'intermédiaire des pompes à chaleur (ou PAC). Cette dernière catégorie sera traitée dans ce guide.

Ce guide s'applique aux PAC géothermiques pour le chauffage ou le rafraîchissement. La production d'eau chaude sanitaire (chauffe-eau thermodynamique) ne sera pas abordée ici.

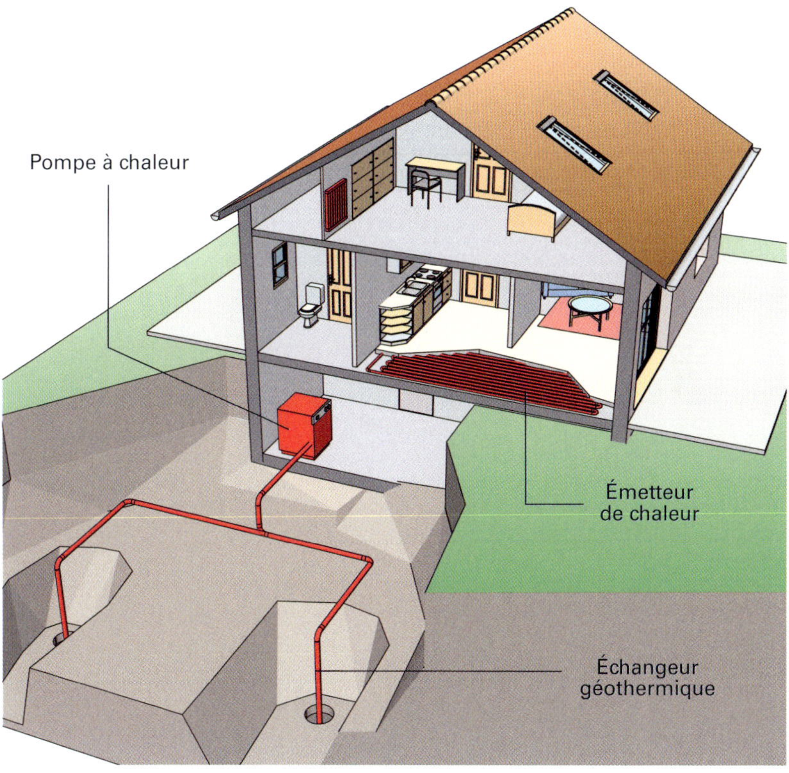

Seuls les systèmes fermés, c'est-à-dire les sondes géothermiques verticales, les capteurs horizontaux ainsi que les capteurs mixtes seront traités dans ce guide. Ont été exclues de ce guide les PAC dites « sur eau de nappe » ainsi que les pompes à chaleur dites « à détente directe » (fluide frigorigène dans les échangeurs géothermiques).

Toute information sur le dimensionnement de l'ensemble du système est basée sur une approche en monovalent : la PAC fournit la totalité de l'énergie nécessaire pour le bâtiment, sans appoint supplémentaire.

Ce guide présentera, pour l'application des PAC géothermiques en maison individuelle, les principes de fonctionnement, les éléments nécessaires pour le dimensionnement ainsi que des points clés à respecter lors de leur mise en œuvre.

Les aspects de forage ou de sous-sol ainsi que les principes fondamentaux des PAC seront également abordés.

La pompe à chaleur géothermique

Contexte politique énergétique mondial

Le secteur du bâtiment représente plus de 40 % de la consommation d'énergie en France. Le plus grand poste de consommation dans les bâtiments concerne le chauffage et le refroidissement. Ces consommations posent à la fois des problèmes au niveau de la consommation d'énergie primaire induisant une dépendance énergétique des pays producteurs, mais également au niveau du réchauffement climatique et donc des émissions des gaz à effet de serre. Des démarches ont été mises en œuvre dans le cadre du protocole de Kyoto, et plus récemment en France dans le cadre du Grenelle de l'environnement. D'autres démarches sont en cours et permettront à long terme de réduire ces émissions. Cependant, dans un contexte de demande de refroidissement croissante (notamment en cas de canicule), les consommations d'énergie n'ont cessé de croître.

Les dirigeants de l'Union européenne se sont engagés à un triple objectif : réduire les émissions de gaz à effet de serre de 20 % en 2020 sur la base du niveau de 1990, porter à 20 % la part des énergies renouvelables dans le total de la consommation d'énergie et réaliser 20 % d'économies d'énergies en 2020.

La PAC géothermique, une solution pour le futur

Les PAC représentent une des manières les plus efficaces de produire de la chaleur ou du froid pour le bâtiment et permettent donc de fournir des éléments pour lutter contre le réchauffement climatique et réduire les consommations d'énergie primaire.

Étant données les évolutions incertaines des prix de l'énergie, la PAC représente une des solutions comportant le moins de risque par rapport aux évolutions des tarifs de l'énergie, puisqu'elle utilise de l'électricité.

Même si l'électricité provient en majorité des centrales nucléaires (environ 80 % de la production totale en France), dans le cadre des objectifs « 3 fois 20 » présentés ci-dessus, une part croissante de l'électricité sera produite à terme par des sources renouvelables. Ainsi, la solution des PAC deviendra à la fois une des plus performantes et restera en même temps respectueuse de l'environnement.

En dehors de ces aspects environnementaux et énergétiques, les PAC géothermiques présentent pour principal avantage d'assurer à la fois le chauffage, la production d'ECS (eau chaude sanitaire) et le refroidissement du bâtiment.

Comme mentionné plus haut, la climatisation et le refroidissement sont en forte hausse. La PAC géothermique permettant également le refroidissement des bâtiments, les pics de consommations électriques seront mieux maîtrisés : basé sur le principe du rafraîchissement direct, un système de PAC géothermique permet d'éviter les surchauffes en été tout en évitant des consommations électriques.

La PAC, un système « renouvelable » ?

Les PAC ont toujours suscité des discussions au sujet de l'origine de l'énergie. Une PAC peut-elle être considérée comme un système utilisant de l'énergie renouvelable ? La réponse est oui.

Pour une PAC géothermique d'une efficacité moyenne, le coefficient de performance (COP) est de l'ordre de 3. Cela signifie que 2/3 de l'énergie produite pour le chauffage sont fournis par les échangeurs géothermiques. Le reste provient de l'électricité fournie par le compresseur de la PAC.

Si l'on compare ces chiffres à un système « renouvelable », par exemple un chauffe-eau solaire individuel (CESI), le bilan global est identique. Un CESI fournit en moyenne en France 2/3 de l'énergie par le solaire. Le reste provient dans la majorité des cas de l'électricité d'appoint (la majorité des CESI en France utilisent un appoint électrique).

Le bilan est donc identique, sauf qu'ici la source d'énergie n'est pas le solaire, mais le sous-sol, la géothermie.

Fonctionnement d'une PAC géothermique

Principe

Une pompe à chaleur géothermique est basée sur le même principe thermodynamique qu'un réfrigérateur. Elle prélève de l'énergie dans un milieu à faible température (l'intérieur du réfrigérateur) et elle restitue cette énergie dans un autre milieu à une température plus élevée (échangeur extérieur sur le dos du réfrigérateur).

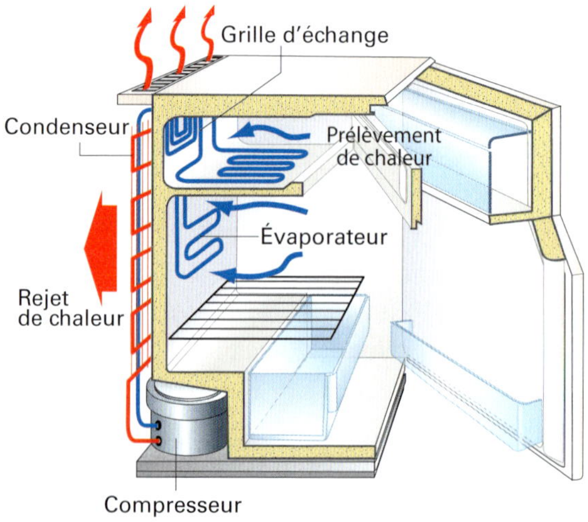

Schéma du fonctionnement d'un réfrigérateur

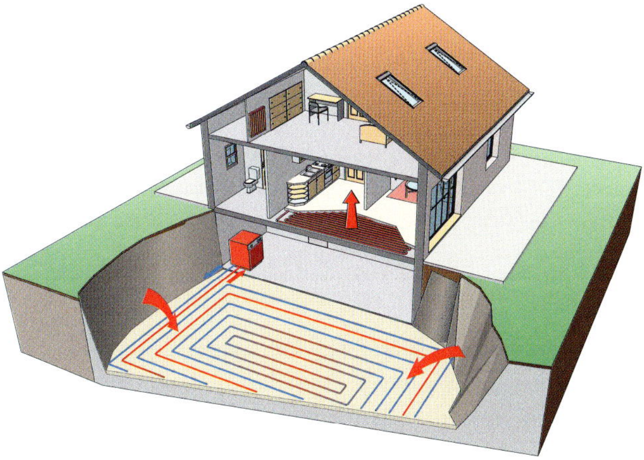

Schéma de fonctionnement d'une PAC chauffage,

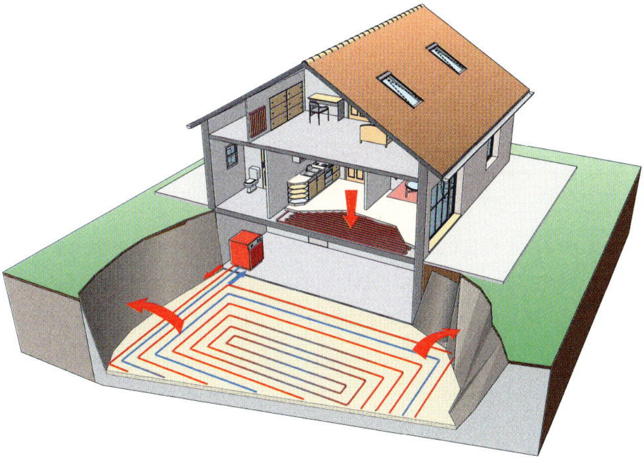

Schéma de fonctionnement d'une PAC refroidissement

Dans le cas d'une PAC réversible permettant de chauffer ou de refroidir, celle-ci fonctionne exactement de la même manière que le réfrigérateur en mode refroidissement (voir figure PAC refroidissement) : l'intérieur du réfrigérateur correspond alors au bâtiment (qui sera refroidi), l'échangeur extérieur du réfrigérateur correspond aux sondes géothermiques (le sol est ainsi chauffé).

En mode chauffage (ou production d'ECS), le sens s'inverse (voir figure PAC ci-dessus) : c'est alors l'échangeur géothermique qui correspond à l'intérieur du réfrigérateur (on évacue des calories) et le bâtiment qui représente l'arrière du réfrigérateur.

Définition de la géothermie

À partir de 5 à 10 m de profondeur, la température du sol est quasiment indépendante des conditions climatiques extérieures.

Dans le cas des capteurs géothermiques à faible profondeur, par exemple les capteurs horizontaux, la désignation de « géothermie » est donc quelque peu abusive, étant donné que la chaleur prélevée du terrain provient essentiellement de l'énergie solaire ou du ruissellement d'eau de pluie mais très peu des profondeurs de la croûte terrestre. On pourra alors qualifier ce système de « géosolaire ».

Dans le cas des sondes géothermiques verticales avec des profondeurs typiques de 50 à 100 m, une bonne partie représente de la « géothermie » dans le vrai sens du terme. Cependant, il n'existe pas de règle particulière permettant de différencier les parts de l'énergie provenant de la géothermie et de celles issues des conditions climatiques.

Pour des raisons de simplicité, il a été convenu généralement la définition de la géothermie comme le prélèvement des calories sous la surface solide de la terre, incluant donc tout système intégré dans le sol, quelle que soit sa profondeur.

Configuration des échangeurs géothermiques

Ces définitions « théoriques » étant énoncées, il est d'une manière générale bien plus important de comprendre l'intégration des échangeurs géothermiques dans le système global et dans un fonctionnement annuel.

Le sol étant refroidi pendant les périodes d'hiver par le chauffage, il est important de s'assurer que le niveau de température du sol ne dérive pas ou se stabilise autour d'une température à long terme permettant de garantir de bonnes performances énergétiques. L'énergie géothermique ou géosolaire est disponible jusqu'à la limite du dimensionnement des échangeurs.

Dimensionnement

Le dimensionnement et les conditions de fonctionnement conduisent alors à différentes variantes.

Surdimensionnement (recharge naturelle du sol)

Un dimensionnement plus grand met à disposition assez d'énergie pour le bâtiment sans aucun risque de dérive de température à long terme. L'énergie géothermique ou les conditions climatiques gardent tout naturellement le sol à une température constante sur la durée de vie de l'installation. Le dimensionnement nécessite une surface d'échange assez grande pour garantir cette recharge naturelle. C'est la solution typiquement recherchée pour des capteurs horizontaux. En ce qui concerne les sondes verticales, la recharge naturelle est encore amplifiée par un éventuel écoulement important dans les nappes. Cette solution est à rechercher car une température du sol plus stable est garantie, tout en limitant le dimensionnement des échangeurs.

Sous-dimensionnement (recharge active du sol)

Une autre approche, intéressante dans le cas des sondes verticales ou d'échangeurs mixtes, consiste en un « sous-dimensionnement » des échangeurs géothermiques, tout en garantissant un fonctionnement stable sur la durée de vie de l'installation. Dans cette variante, on accepte une variation plus importante de la température du sol autour des échangeurs géothermiques sur l'année, en s'assurant néanmoins que le bilan entre les énergies extraites du sol et celles qui sont injectées soit équilibré. On parle dans ce cas d'une « recharge active ». Cette recharge nécessite des études préalables et peut se faire de deux manières différentes :

– soit on profite du potentiel de rafraîchissement du système PAC géothermique ;
– soit on injecte une chaleur gratuite ou excédente (énergie solaire) lorsqu'un rafraîchissement n'est pas voulu ou est insuffisant. Il s'agit donc d'un stockage saisonnier d'énergie.

☞ **Observations**

- *La frontière entre ces deux variantes est bien évidemment ténue. Dans le cas d'un système réversible, on se trouve souvent entre ces deux cas.*
- *Les ordres de grandeur de dimensionnement simplifiés fournis dans ce guide ne couvrent que la première solution, sans recharge active du sol.*

Prévenir le gel

Peu importe la configuration des échangeurs géothermiques, un gel du sol autour des échangeurs est possible, en fonction du dimensionnement.

Ceci est « normal » dans le cas des capteurs horizontaux et ne pose pas forcément de problème, mais a pour contrainte principale une limitation des performances de la PAC due à la basse température de la source (surtout à la fin de l'hiver). Dans le cas des sondes verticales, un gel éventuel est également possible.

À l'heure actuelle, les avis sur les conséquences d'un gel, surtout par rapport au contact thermique entre l'échangeur et le sol, sont toujours partagés. Un dimensionnement adapté permet de prévenir ce gel.

Le système PAC géothermique

Un système PAC est principalement composé de trois parties :
– l'échangeur géothermique : source (chauffage) ou puits (refroidissement) de chaleur ;
– le système de production (pompe à chaleur, pompes de circulation, distribution) ;
– l'échangeur côté bâtiment (émission de chaleur ou de froid).

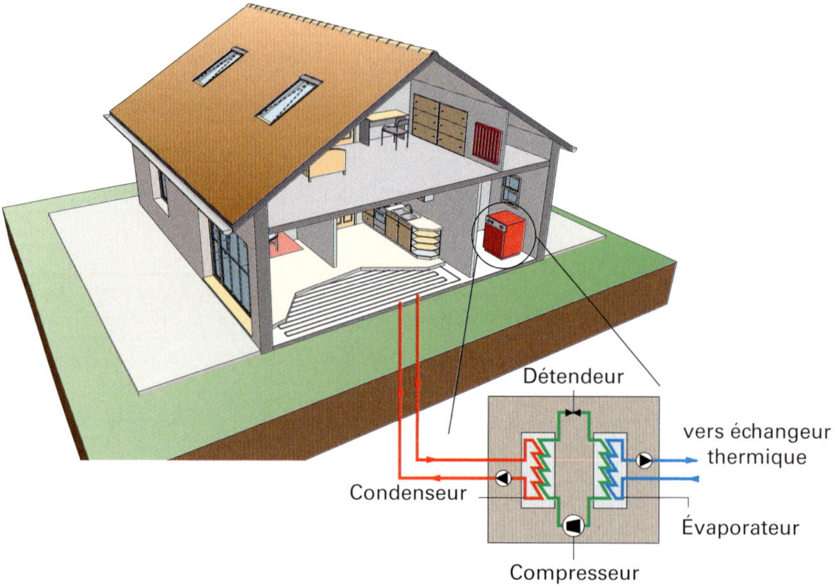

Principaux éléments d'une PAC géothermique

Utilisations d'une PAC géothermique

Il existe trois types d'utilisation de l'énergie produite par les PAC géothermiques : le chauffage, l'eau chaude sanitaire et le refroidissement ou rafraîchissement des bâtiments.

Chauffage

C'est le principal mode de fonctionnement des PAC géothermiques. La pompe à chaleur puise des calories dans l'échangeur géothermique et les restitue dans le bâtiment par l'intermédiaire d'un plancher chauffant, d'un ventilo-convecteur, d'un radiateur à basse température ou de solutions plus récentes telles que des cloisons (murs, plafonds) équipées d'échangeurs hydrauliques.

Refroidissement et rafraîchissement

En été, le système peut également servir à produire du froid pour le bâtiment de deux manières distinctes pouvant être combinées.

Rafraîchissement direct ou « géo-cooling »

Le rafraîchissement peut se fait de façon directe (aussi appelé « géo-cooling ») tout simplement en faisant circuler l'eau provenant des échangeurs géothermiques dans les émetteurs de chaleur dans le bâtiment :
- soit directement ;
- soit par l'intermédiaire d'un échangeur séparant le réseau hydraulique côté échangeurs géothermiques du réseau de chauffage/refroidissement côté bâtiment.

Très économe en énergie (seule la pompe de circulation consomme de l'énergie), cette solution permet de « rafraîchir » le bâtiment sans garantir pour autant le respect d'une consigne de température dans le bâtiment.

Mode réversible de la pompe à chaleur

Si le rafraîchissement direct n'est pas suffisant, le mode réversible de la PAC permet de rafraîchir ou de refroidir les zones du bâtiment.

Cette solution consomme bien plus d'énergie que le rafraîchissement direct pour faire fonctionner le compresseur de la PAC, surtout en cas de refroidissement (consigne de température côté bâtiment étant assurée).

Attention !
La réglementation interdit le refroidissement si la température d'ambiance intérieure est en dessous de 26 °C (arrêté du 3 mai 2007).

Eau chaude sanitaire (ECS)

Il est également possible d'utiliser la PAC afin de préchauffer ou chauffer de l'eau chaude sanitaire. La PAC peut être celle utilisée pour le chauffage (double service) ou celle d'un système à part. On parle alors d'un « chauffe-eau thermodynamique ». Cette solution n'est pas traitée dans ce guide.

Comme mentionné dans l'introduction, une pompe à chaleur est basée sur un procédé thermodynamique visant une transformation d'une quantité d'énergie à basse température vers une température plus élevée, à l'aide d'une énergie « motrice », le compresseur pour la plupart des PAC (seules les PAC à compression électrique sont traitées dans ce guide).

Principes thermodynamiques

Une pompe à chaleur électrique est constituée de quatre éléments principaux : le compresseur, le condenseur, le détendeur et l'évaporateur.

La figure suivante montre l'assemblage de ces éléments dans la PAC ainsi que les connexions côté échangeur géothermique et bâtiment pour le cas du chauffage.

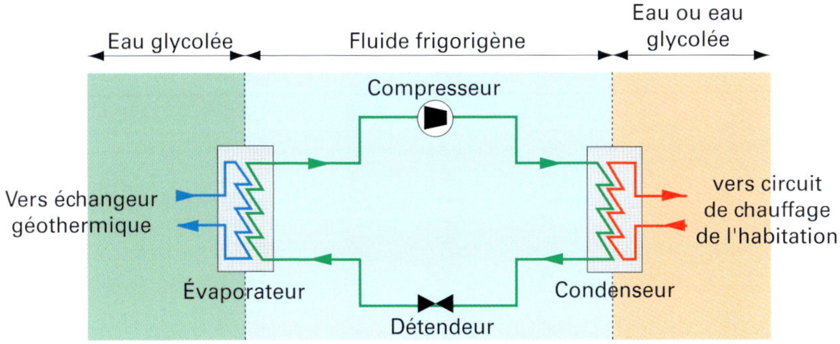

Schéma de principe d'une PAC à compression électrique

Le principe thermodynamique de la PAC permettant de transférer de la chaleur d'un milieu de température plus faible à un milieu à température plus élevée se décompose en 4 étapes clés (ci-après exposées à travers l'exemple du cas du chauffage).

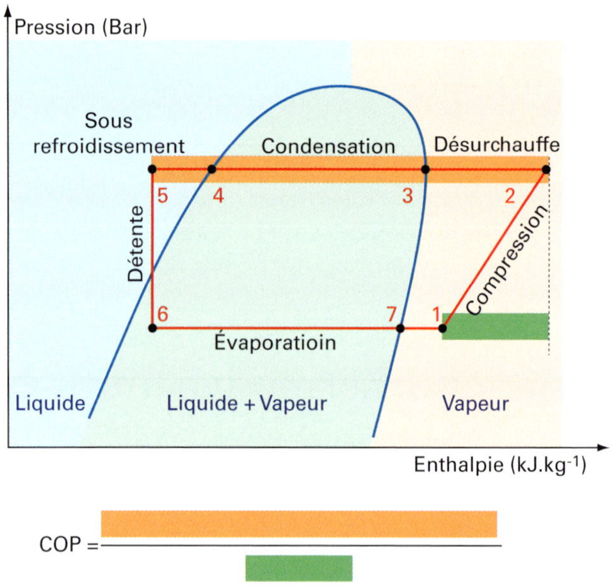

Cycle thermodynamique d'une PAC

Phase d'évaporation (6→1) : le fluide frigorigène de la PAC se vaporise à basse pression (6→7) et surchauffe (7→1) en récupérant la chaleur provenant des échangeurs géothermiques (chauffage) ou du bâtiment (refroidissement).

Phase de compression (1→2) : un compresseur électrique comprime le gaz augmentant la température et la pression du fluide.

Phase de condensation (2→5) : à haute pression, le gaz se refroidit (2→3), condense (3→4) et le fluide se refroidit (4→5) en libérant de la chaleur utilisée pour le chauffage en hiver ou injecté dans le sol en été.

Phase de détente : le fluide traverse un détendeur et ressort à basse pression, pour retourner ensuite dans l'évaporateur à basse pression.

☞ Observation

Dans le cas d'une pompe à chaleur réversible, les sources chaudes et froides s'inversent. Ceci est généralement réalisé par des vannes au niveau du circuit interne de la PAC, permettant d'inverser l'alimentation des échangeurs. Selon la situation, le condenseur ou l'évaporateur sera connecté soit côté bâtiment, soit niveau échangeur géothermique.

Principales technologies utilisées

Il existe trois principales variantes de PAC géothermiques.

PAC sol/sol

Ce système, appliqué à des capteurs horizontaux, représente une grande partie du parc existant des PAC géothermiques.

Le même fluide frigorigène circule à la fois dans les échangeurs géothermiques, dans la PAC et dans le plancher du bâtiment.

Ce type de PAC montre de très bonnes performances énergétiques.

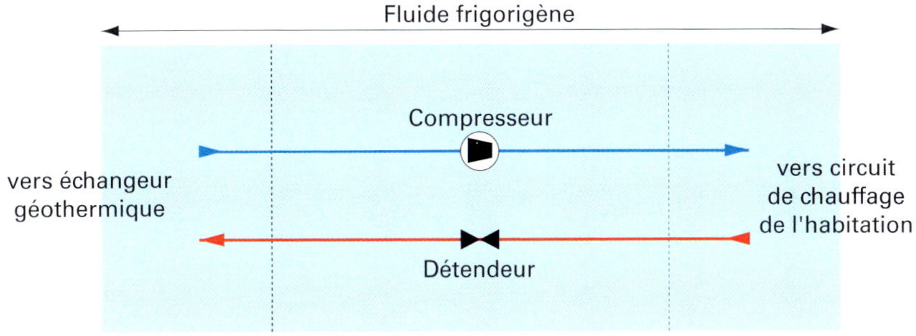

PAC sol/sol (procédé à détente directe)

PAC eau glycolée/eau

Le fluide frigorigène n'est ici utilisé que dans la PAC elle-même. De l'eau additionnée d'antigel circule dans les échangeurs géothermiques et de l'eau dans les émetteurs de chauffage. Cette solution peut être utilisée pour des échangeurs verticaux et horizontaux.

La présence de deux échangeurs dans la PAC (côté évaporateur et côté condenseur) diminue légèrement les performances énergétiques. Cependant, cette configuration permet l'utilisation d'une PAC réversible, et, avec quelques précautions, le refroidissement direct (avec un échangeur en plus).

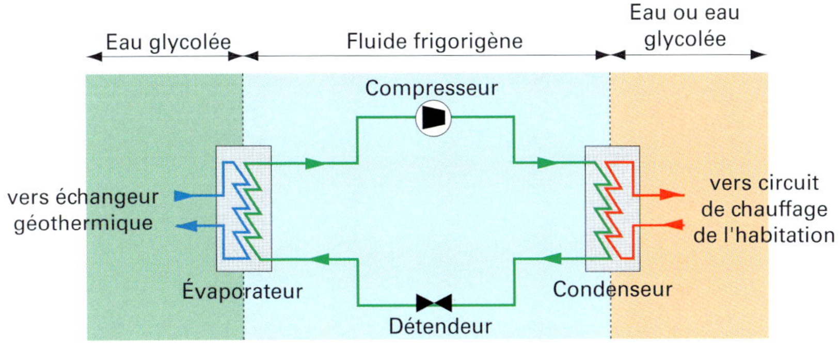

PAC eau glycolée/eau (procédé à détente directe)

PAC sol/eau

Le fluide frigorigène de la PAC circule dans les échangeurs géothermiques et de l'eau dans les émetteurs de chauffage. Comme pour les PAC sol/sol, cette configuration n'est utilisable qu'avec des échangeurs horizontaux et ne permet pas le mode refroidissement (pas assez de puissance sans risque de condensation). Néanmoins, un rafraîchissement est possible (voir les Avis Techniques existants).

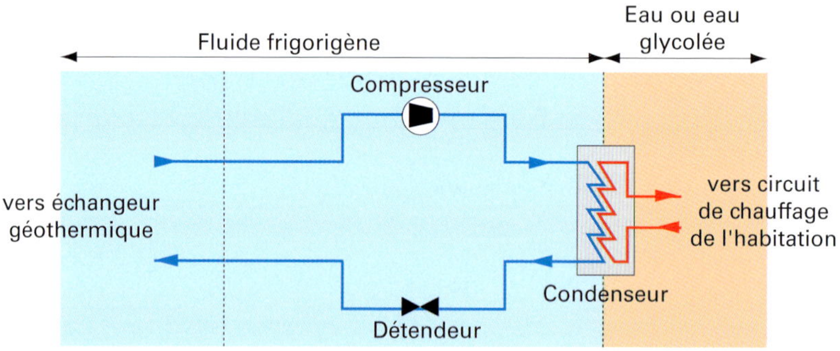

PAC sol/eau (procédé à détente mixte)

Bilan sur les différents systèmes (source Adème)

PAC à détente directe	
Chauffage d'appoint	Pas nécessaire
Eau chaude sanitaire	Production possible en période de chauffage
Rafraîchissement	Pas possible sur plancher chauffant Possible avec des ventilo-convecteurs
Adaptabilité	Difficulté avec le plancher, si souhait éventuel de changer de mode de production de chaleur
Avantages	Système simple Coût limité
Inconvénients	Grosse quantité de fluide frigorigène Étanchéité du circuit primordiale Utilisation des capteurs verticaux impossible Mise en œuvre du circuit de chauffage délicate
Coûts	• **d'investissement** : de 70 à 100 € TTC/m², chauffé hors eau chaude sanitaire et rafraîchissement • **de fonctionnement** : de 2 à 3 € TTC/m² et par an

PAC à fluides intermédiaires	
Chauffage d'appoint	Pas nécessaire
Eau chaude sanitaire	Production possible (PAC indépendante ou non)
Rafraîchissement	Possible et bien maîtrisé
Avantages	Peu de fluide frigorigène Fluide frigorigène confiné dans la PAC Le circuit de chauffage peut être conservé, si souhait éventuel de changer de mode de production de chaleur Installation des capteurs simple
Inconvénients	Coûts d'investissements supérieurs à la détente directe pour les petits logements
Coûts	• **d'investissement :** - système à capteurs horizontaux : de 85 € TTC/m^2 chauffé (option chauffage) à 135 € TTC/m^2 chauffé (option chauffage et refroidissement) - système à capteurs verticaux : de 145 à 185 € TTC/m^2 chauffé • **de fonctionnement :** de 2,3 à 3,5 € TTC/m^2 et par an

Éléments constitutifs d'une PAC

Compresseur

On distingue 3 types de compresseurs dans l'application de la PAC en maison individuelle.

Compresseur à piston

Utilisation d'un ou de plusieurs pistons coulissants de manière étanche dans un cylindre pour comprimer le fluide frigorigène, admis dans le cylindre par l'intermédiaire d'un clapet ou d'une soupape, grâce à l'aspiration provoquée par le recul du piston.

Ce type de compresseur est robuste mais d'un niveau sonore pas toujours optimal à cause du type de transmission. Encore largement répandus, ces compresseurs sont destinés à disparaître au profit des compresseurs scroll.

Compresseur à vis

Une vis sans fin tourne pour comprimer le gaz entre le cylindre et une pièce rotative qu'elle entraîne.

Compresseur scroll

Un rotor sous forme de spirale comprime le gaz en continu en tournant autour d'une autre spirale fixe.

Ce genre de compresseur est le plus utilisé pour les climatiseurs split. Il possède des avantages intéressants tels qu'un niveau sonore réduit, une grande souplesse d'utilisation pouvant être à vitesse variable, une consommation réduite et une bonne robustesse.

Ce compresseur accepte, de plus, une tension de démarrage 2 fois inférieure à celle d'un compresseur à piston. À tension égale, il a un temps de démarrage 4 fois plus court. Il permet d'avoir un meilleur COP qu'avec un compresseur à piston.

> ☞ Observation
> *Ces informations sont données à titre indicatif. Le type de compresseur est généralement imposé lors du choix du modèle de pompe à chaleur.*

Évaporateur

Le rôle de l'évaporateur est de prélever de l'énergie du sol en mode chauffage et du bâtiment en mode rafraîchissement. La chaleur échangée est absorbée par le fluide réfrigérant permettant son évaporation complète.

Dans les applications en maison individuelle, l'évaporateur est dans la plupart des cas un échangeur à plaques.

Condenseur

Le rôle du condenseur est de retirer de l'énergie du fluide réfrigérant :
- en mode chauffage, cette énergie est récupérée dans le bâtiment ;
- en mode rafraîchissement, l'énergie est injectée dans le sol par l'intermédiaire des échangeurs géothermiques.

Pour les PAC eau glycolée/eau, les condenseurs sont des échangeurs à plaques dans la plupart des cas.

Détendeur

L'organe de détente, dans la plupart des cas un détendeur thermostatique, permet au fluide réfrigérant une baisse de pression vers la pression d'évaporation. Le débit du fluide est régulé en fonction de la température du gaz aspiré et permet ainsi de maintenir une surchauffe plus ou moins constante à la sortie de l'évaporateur.

Autres éléments

D'autres éléments viennent compléter une PAC :
- un pressostat haute et basse pressions permettant le contrôle des valeurs limites dans le condenseur et l'évaporateur ;
- un pressostat de sécurité qui contrôle la pression de l'huile destinée à la lubrification ;
- un thermostat de surveillance de la température des gaz chauds ;
- une soupape de sécurité ;
- un thermostat de protection du bobinage pour la température du moteur électrique ;
- un thermostat de protection antigel ;
- un anti court-cycle qui limite les cycles de la PAC.

Régulation d'une PAC

Il existe plusieurs méthodes de régulation.

Régulation par « tout ou rien » (TOR, marche/arrêt)

Le contrôle traditionnel par mode marche/arrêt peut entraîner des fluctuations inconfortables de la température et surtout de mauvaises conditions de rendement du compresseur dues aux cycles de la PAC.

Régulation par variation de vitesse ou « inverter »

Les compresseurs dont on fait varier la vitesse vont comprimer un volume de fluide variable et ainsi adapter leur puissance calorifique à la charge thermique du local.

Lorsque l'écart mesuré entre le point de consigne et une mesure augmente (par exemple, la température du local à chauffer ou à climatiser), le système de régulation agit sur la vitesse de rotation du compresseur qui voit sa puissance calorifique augmenter.

Fluides réfrigérants

Arrêt de l'utilisation du R22

Jusqu'à ces dernières années, le fluide frigorigène le plus employé était le R22 dont l'emploi est de plus en plus proscrit : arrêt d'utilisation du R22 dans les installations neuves depuis 2000, arrêt de production du R22 depuis 2009. À l'heure actuelle, on tourne sur les stocks, avec en perspective une totale interdiction d'utilisation à partir de 2014.

Ce fluide frigorigène contient en effet du chlore dont les effets destructeurs sur la couche d'ozone sont aujourd'hui bien connus. C'est, de plus, un gaz à effet de serre puissant.

Fluides de substitution

Le R22 est progressivement remplacé par des fluides de substitution, tels les HFC (hydrofluorocarbures).

La majorité des PAC en France utilise le R407C, le R410A étant en augmentation.

Ces fluides sont inoffensifs vis-à-vis de la couche d'ozone mais restent encore de puissants gaz à effet de serre.

Dans les cas d'évaporation directe, le R404A, et pour la production d'eau chaude sanitaire, le R134A sont courants.

> ☞ **Observation**
>
> *Pour être autorisés à manipuler les fluides frigorigènes, les installateurs doivent être en possession d'une attestation de capacité conforme au décret n° 2007-737 du 7 mai 2007.*

Acoustique

Performances acoustiques

Les performances acoustiques sont définies par :

– le niveau de puissance acoustique L_w en dB(A) qui permet de caractériser la source de bruit ;

– le niveau de pression acoustique L_{nAT} en dB(A) qui caractérise la perception de bruit dans un environnement particulier.

Pour les PAC, Eurovent se base sur la puissance acoustique qui permet de comparer les PAC entre elles.

Les puissances acoustiques types des PAC sont de l'ordre de 50 à 80 dB(A). (La performance des produits certifiés NF PAC est disponible sur : http://www.certita.org/listePompes.php).

Réglementation sur le bruit intérieur

Selon l'arrêté du 30 juin 1999, les valeurs à ne pas dépasser sont les suivantes :

35 dB(A) dans les pièces principales ;

50 dB(A) dans les cuisines séparées ;

40 dB(A) dans les cuisines ouvertes vers une pièce principale.

Réglementation sur le bruit de voisinage

Les niveaux acceptables sont définis dans le décret n° 2006-1099 du 31 août 2006. Par rapport au niveau sonore ambiant, ils sont de :

+ 5 dB(A) en journée (de 7 h -22 h 00) ;

+ 3 dB(A) en période nocturne (22 h -7 h 00).

Ces valeurs sont à pondérer en fonction de la durée cumulée d'apparition du bruit particulier.

Il y a aussi une valeur limite d'émergence spectrale de 7 dB(A) pour les octaves 125 Hz et 250 Hz et 5dB(A) pour les octaves 500 Hz, 1000 Hz, 2000 Hz et 4000 Hz.

☞ **Observation**

En ce qui concerne les PAC géothermiques, étant donné qu'elles sont généralement installées dans des locaux techniques et qu'elles ne nécessitent pas d'unité extérieure, ces critères de bruit sont a priori respectés sans problème.

La certification NF PAC certifie partiellement le comportement acoustique de ces systèmes.

Performances thermiques

Performance théorique : la loi de Carnot

D'une manière générale, les performances des PAC sont définies par le rapport entre la puissance utile de chaleur ou de froid et l'apport de puissance extérieure nécessaire. Dans le cas de la PAC électrique, il s'agit du ratio entre la puissance utile au niveau de l'émetteur de chaleur et la puissance électrique nécessaire par le compresseur.

La performance théoriquement possible pour une pompe à chaleur est donnée par la loi de Carnot avec :

COP = T0 / (T-T0) (en Kelvin).

La loi de Carnot met bien en évidence le fait que la performance énergétique de la pompe à chaleur sera d'autant plus dégradée que l'écart entre la source froide et la source chaude sera important. C'est pour cette raison que la performance de chauffage d'une PAC géothermique est bien plus élevée dans un climat froid que celle d'une PAC air/eau ou air/air.

> ☞ **Observation**
> *Les PAC en fonctionnement réel ont des performances bien inférieures avec environ 30 à 35 % de la valeur des performances théoriques.*

COP et EER

Les performances en chauffage sont appelées COP (coefficient de performance) et celles pour le refroidissement EER (*energy efficiency ratio*). Elles sont établies dans des conditions nominales (régime établi).

Des définitions des performances saisonnières ou annuelles existent également. On parle alors d'un COP ou d'un EER annuel (les termes anglais sont SPF pour *seasonal performance factor* pour le chauffage et SEER pour *seasonal energy efficiency ratio* pour le rafraîchissement et le refroidissement).

Performances fournies par les constructeurs

Les performances thermiques des PAC sont généralement fournies par les constructeurs et doivent correspondre à celles certifiées par Eurovent.

Elles sont définies à un ou plusieurs points de fonctionnement de la PAC, en régime établi et à pleine puissance.

La norme EN 14511 spécifie les conditions d'essai pour la détermination des caractéristiques de performances des pompes à chaleur avec un compresseur électrique, lorsqu'elles sont utilisées pour le chauffage des locaux.

PAC certifiées

Il existe maintenant en France une certification NF PAC délivrée par Certita, organisme indépendant.

Une liste des pompes à chaleur certifiées est accessible sur le site : http://www.certita.org/listePompes.php.

Bien choisir une PAC

Lors du choix du type de la PAC, plusieurs critères peuvent entrer en ligne de compte.

Usage de la pompe à chaleur

La pompe à chaleur permettant d'assurer à la fois le chauffage, le refroidissement et la production d'eau chaude sanitaire, la motivation pour installer une PAC est la première question à se poser.

Le chauffage est généralement la première raison pour l'achat d'une pompe à chaleur. Le refroidissement représente un atout supplémentaire pour disposer en même temps d'un système garantissant un rafraîchissement en été.

Avoir un système permettant de couvrir ces trois usages peut être un avantage d'un point de vue économique lors de l'achat. Cependant, des PAC pour la production d'ECS existent sur le marché et ont de meilleures performances qu'une PAC générique assurant tout en même temps.

Un bilan entre les critères d'investissement et les coûts de fonctionnement peut clarifier le choix à faire.

Type de l'échangeur géothermique

Ce choix est expliqué dans le chapitre : « Les échangeurs géothermiques ».

Fluides intermédiaires de la PAC

Il s'agit ici du choix entre des solutions air/air, air/eau, eau/eau, eau glycolée/eau, réfrigérant/eau ou même réfrigérant/réfrigérant.

Ce guide ne traitant que des PAC eau/eau ou eau glycolée/eau, ce choix n'est évoqué qu'à titre indicatif.

Les PAC air/air et air/eau (avec pour source d'énergie l'air ambiant) méritent certainement une analyse pour les régions ayant un climat modéré et représentent ainsi une solution moins chère à l'investissement, tout en garantissant des performances et des coûts de fonctionnement très intéressants.

Dans des climats non-modérés, tout type de PAC géothermique montre son intérêt. Se pose alors le choix des fluides intermédiaires. Les systèmes dits « à détente directe » (ou évaporation directe) montrent de bonnes performances, mais ne s'appliquent que sur les échangeurs horizontaux. Ces derniers ne sont pas toujours possibles et dépendent de la surface de terrain nécessaire à leur implémentation.

☞ **Observation**

D'un point de vue environnemental, les systèmes à détente directe montrent un bilan carbone moins bon que les systèmes basés sur l'eau ou l'eau glycolée comme ils contiennent une quantité de fluide frigorigène plus importante. En revanche, leur meilleure performance peut conpenser cet inconvénient.

Ces systèmes représentent une grande partie du parc existant. Les systèmes basés sur l'eau glycolée montrent une hausse ces dernières années.

Caractéristiques électriques

Parmi les critères de choix d'une pompe à chaleur, celui de ses caractéristiques électriques est de la plus grande importance.

La tension

Il ne faut pas oublier que la tension de distribution en France est de 230 V ± 10 % en monophasé et de 230/400 V ± 10 % en triphasé.

L'alimentation

Les pompes à chaleur de faible puissance sont généralement alimentées en 230 V monophasé. Le démarrage direct des moteurs est limité à 1,4 kVA par la norme NF C15-100 *Installations électriques à basse tension*, un dispositif de démarrage progressif (inverter) sera donc à privilégier. Ce type de démarreur assure aussi la régulation de la puissance de la pompe et optimise ses performances. L'alimentation en monophasé est limitée à 45 A par l'article 559.6.1 de la norme NF C15-100.

Pour les puissances supérieures, les PAC sont alimentées en triphasé 230/400 V, mais certaines pompes sont équipées d'un compresseur monophasé 230 V et de résistances d'appoint en triphasé 230/400 V. Leur alimentation doit faire l'objet d'une demande préalable au gestionnaire du réseau de distribution. Le choix d'un compresseur triphasé sera toujours préféré, surtout s'il est équipé d'un dispositif de démarrage progressif (inverter).

Dimensionnement de la PAC

Le dimensionnement de la PAC se fait en deux étapes principales :
– le calcul des déperditions du bâtiment ;
– le dimensionnement de la PAC et des auxiliaires.

Calcul des déperditions

Tout dimensionnement de la PAC se fait par rapport à un calcul des déperditions de l'ensemble des zones du bâtiment. Les bases de ces calculs sont définies dans les règles Th-Bat et Th-CE de la Réglementation thermique et permettent de définir précisément la totalité des déperditions du bâtiment.

Cas du chauffage

Dans le cas du chauffage, le calcul des déperditions se fait par rapport à une température extérieure et intérieure de référence pour le dimensionnement (la température extérieure de base étant définie par zone climatique et en fonction de la situation telle que la hauteur, par exemple) et sans apports de chaleur interne.

Ce dimensionnement permet de s'assurer du bon fonctionnement du système, même dans des conditions moins favorables.

Cas du rafraîchissement

Dans le cas du rafraîchissement (sans utilisation de la PAC), aucun calcul de dimensionnement ne peut être fait, sauf une prédiction de l'abaissement de la température par le refroidissement direct.

Cas du refroidissement

Dans le cas du refroidissement (avec la PAC), le calcul des apports internes et solaires de chaleur s'ajoute au bilan global des déperditions.

Cas d'une PAC réversible

Pour le dimensionnement de la PAC et en cas d'une PAC réversible, les résultats des deux calculs (chauffage et refroidissement) sont considérés afin de choisir la PAC permettant de fournir la puissance nécessaire.

Surdimensionner légèrement la PAC

Dans la quasi-totalité des cas, un léger surdimensionnement de la PAC est conseillé. Ceci signifie que l'on opte volontairement pour une puissance de la PAC supérieure aux valeurs de déperditions calculées dans la première phase, l'étude du bâtiment.

Les raisons pour ce surdimensionnement sont les suivantes :
- disponibilité de la puissance exacte de la PAC sur le marché ;
- prise en compte d'un rendement de distribution et d'émission ;
- dans le cas des bâtiments adjacents, prise en compte d'une éventuelle absence des voisins et donc des températures adjacentes plus faibles que prévues ;
- garantie absolue de couvrir la demande, même pour les jours les plus extrêmes ;
- relance de chauffage ou de refroidissement facilitée après un arrêt de chauffage ou du refroidissement (vacances, week-ends, etc.).

Néanmoins, un trop fort surdimensionnement de la pompe à chaleur peut provoquer de courts cycles de fonctionnement (marche/arrêt), ayant pour conséquences principales :
- une dégradation inutile de la PAC : les courts cycles accélèrent l'usure de la PAC (fonctionnement à froid, marche/arrêt cyclique du compresseur, forte intensité de démarrage, etc.) ;
- une surconsommation : plus la puissance de la PAC est importante par rapport aux besoins, plus le temps de fonctionnement annuel se réduit. Un fonctionnement avec des cycles courts provoque une performance plus faible de l'installation.

Le surdimensionnement de la PAC peut également nécessiter un abonnement électrique plus puissant et coûteux.

Il est donc conseillé de surdimensionner légèrement la PAC, mais le moins possible. Cela permettra d'éviter quelques périodes avec un confort moindre qui conduiraient à des plaintes des occupants.

Ceci sous-entend un calcul plus précis qui s'établit de la façon suivante :

$\text{Puissance}_{\text{PAC}}$ = déperditions + (0 à 20 %)

Choix et dimensionnement des auxiliaires

Les auxiliaires, principalement les pompes de circulation, sont généralement choisis en même temps que la PAC :

Pompes intégrées dans la PAC

Le choix est directement fait avec la sélection de la PAC elle-même. Le dimensionnement se fait alors par le choix des vitesses des pompes, *a priori* décrites dans la documentation de la PAC.

Pompes non intégrées dans la PAC

La documentation de la PAC doit fournir les éléments nécessaires pour le dimensionnement et le choix des pompes.

En règle générale, le dimensionnement se fait par un calcul des pertes de charges dans les circuits hydrauliques des émetteurs et des échangeurs géothermiques. Avec les débits nominaux nécessaires pour le bon fonctionnement de la PAC, on peut alors choisir la pompe appropriée (vérification des courbes caractéristiques de la pompe avec les pertes de charges calculées).

Mise en œuvre

Positionnement

En premier lieu, au moment de la conception, l'encombrement de la PAC est à vérifier pour un passage aisé des portes ou des escaliers.

La PAC est installée de préférence sur le mur d'où arrivent les circuits hydrauliques des échangeurs géothermiques et des émetteurs de chaleur. Elle est montée uniquement en position verticale sur plots élastiques et disposée dans un local technique ou un garage pour obtenir un raccordement et une accessibilité facile pour les travaux d'installation et de maintenance.

Attention !

Il faut éviter :

- le positionnement dans ou à proximité des pièces de vie ;
- l'installation d'une PAC à l'extérieur ;
- pour les traversées des murs, tout contact entre la tuyauterie et le mur.

Respecter, de toute façon, les recommandations d'installation du fabricant.

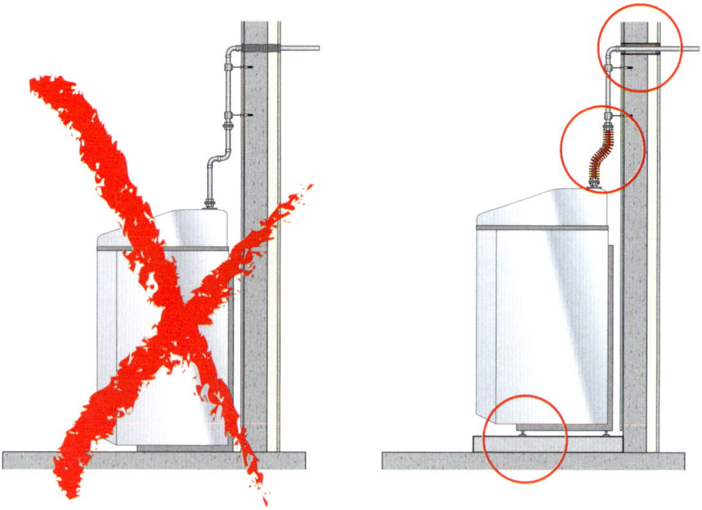

Positionnement d'une PAC

Aération du local technique

Cadre réglementaire

Aucune réglementation n'existe actuellement au sujet de l'aération des locaux techniques.

Cependant, la norme NF EN 378-1 « Systèmes de réfrigération et pompes à chaleur – Exigences de sécurité et d'environnement – Partie 1 : Exigences de base, définitions, classification et critères de choix » donne des indications sur les quantités de fluide frigorigène admissible dans un local selon son utilisation.

Cette norme s'applique aussi pour les installations dont la charge en fluide frigorigène est importante (cas des sol/sol) par rapport à une fuite qui se produirait dans la zone habitable. Elle vise à éviter la suffocation des occupants par excès de gaz entraînant une diminution d'oxygène.

Locaux non ventilés

Selon cette norme, le volume du local doit être supérieur à la masse du fluide frigorigène divisé par la concentration maximale admissible.

Volume [m^3] > masse$_{fluide}$ [kg] / concentration$_{maximale}$ [kg/m^3]

Les seuils admissibles sont indiqués dans le tableau suivant :

	134 A	404 A	407 C	410 A
Seuil admissible [kg/m^3]	0,25	0,48	0,31	0,44

Exemple de calcul :
Pour une PAC contenant 1 kg de 410 A, le volume du local doit au moins être de 2,27 m^3.

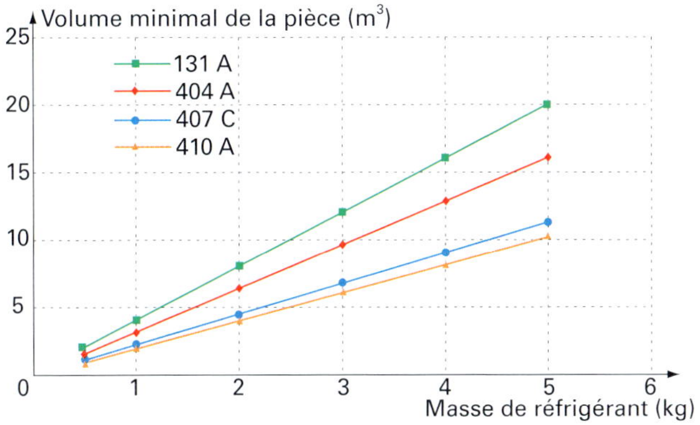

Volume minimal d'un local sans ventilation

> ☞ **Observation**
> *Si le volume du local technique n'est pas suffisant selon le calcul ci-dessus, une ventilation naturelle ou mécanique peut être envisagée. Quelques ordres de grandeur sont donnés ci-après.*

Locaux avec extraction naturelle

L'extraction doit s'effectuer proche du niveau du sol si le fluide frigorigène a une densité supérieure à celle de l'air.

La section d'ouverture minimale doit être calculée selon la formule :

Surface [m^2] > 0,14 x (masse$_{fluide}$ [kg]) (1/2)

Exemple de calcul :

Pour une PAC avec 2 kg de fluide frigorigène, la section d'ouverture doit être au moins égale à 0,2 m^2.

Locaux avec extraction mécanique

L'extraction mécanique doit se faire avec un conduit d'air étanche à l'air. La grille de sortie du bâtiment doit être placée de façon à ne pas nuire aux personnes.

Le débit de l'extraction est donné par la formule suivante :

Débit [m^3/h] > 50,4 x ($masse_{fluide}$ [kg]) (2/3)

Exemple de calcul :

Pour une PAC avec 2 kg de fluide frigorigène, le débit minimal doit être au moins égal à 80 m^3/h.

Connexions hydrauliques

Les connexions hydrauliques et électriques de la PAC sont à réaliser avec des tuyauteries flexibles (caoutchouc ou matière synthétique), pour éviter toute transmission de bruit.

Voir figure page 26, pour le positionnement correct.

Les connexions hydrauliques doivent être faites de manière à ne transmettre aucun effort mécanique sur les échangeurs internes de la PAC.

Installation électrique

L'installation électrique doit être réalisée conformément au schéma électrique livré avec la PAC.

Il est important de s'assurer que la capacité du réseau électrique et que la puissance souscrite par l'abonné sont compatibles avec la PAC, surtout lors des périodes de démarrage de la PAC.

Protections électriques

L'alimentation de la PAC doit respecter les prescriptions de la norme NF C15-100, à savoir :
- la protection du circuit contre les surintensités par disjoncteur d'une intensité nominale et d'une courbe de déclenchement conforme aux prescriptions du constructeur ;
- la protection contre les défauts d'isolement par dispositif différentiel résiduel (DDR) d'une sensibilité au plus égale à 30 mA.

Ces deux dispositifs peuvent être regroupés dans un seul appareil de protection.

Mise à la terre

La pompe à chaleur doit être raccordée à la terre par un conducteur de protection (vert et jaune) d'une section identique à la section des conducteurs d'alimentation.

Section des conducteurs d'alimentation de la PAC

La section des conducteurs d'alimentation doit être conforme au tableau 771F de la norme NF C15-100. Le tableau ci-dessous donne les valeurs pour l'alimentation d'une pompe à chaleur.

Courant assigné des dispositifs de protection en fonction de la section des conducteurs	
Section minimale des conducteurs en cuivre (mm^2) (1)	Courant nominal du disjoncteur (A) (1)
1,5	16
2,5	20
4	25
6	32
1. Ces valeurs ne tiennent pas compte des chutes de tension.	

Pour les puissances supérieures, la section de la canalisation sera déterminée conformément à la partie 5-52 de la norme NF C15-100.

Montage des sondes

Les sondes de température, de pression ou d'hygrométrie nécessaires pour le bon fonctionnement de la PAC doivent être montées selon les indications du fabricant de la PAC, si elles ne sont pas déjà intégrées dans la PAC elle-même.

Les sondes de température mesurant les températures du fluide dans les circuits hydrauliques sont à intégrer, soit dans des doigts de gant (de préférence), soit à fixer sur la paroi extérieure du tuyau. Dans les deux cas, l'utilisation d'une pâte thermique est impérative pour garantir un bon contact thermique.

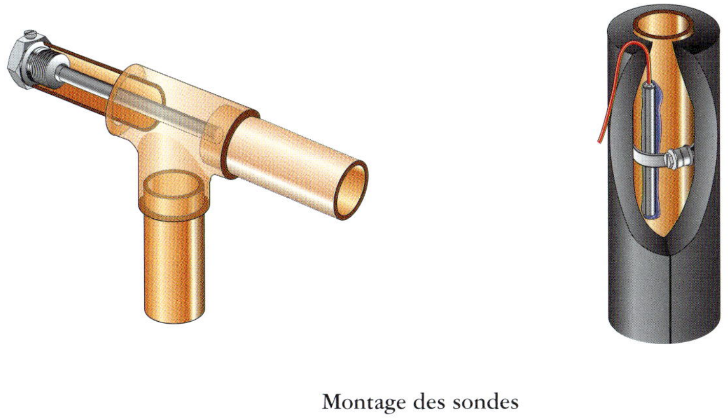

Montage des sondes

Les échangeurs géothermiques

Dans le domaine de la maison individuelle, 3 formes principales d'échangeurs avec le sol existent. Il s'agit :
- des capteurs verticaux ;
- des capteurs horizontaux ;
- d'autres types de capteurs combinant les deux approches (corbeilles).

Pour la mise en œuvre des échangeurs géothermiques concernant les sondes verticales, la norme NF X10-970 s'applique.

Principes fondamentaux

Les échangeurs géothermiques contiennent de l'eau ou de l'eau glycolée qui permet l'échange de chaleur entre la PAC et le sol. Des échangeurs internes à la PAC permettent de transférer l'énergie échangée avec le sol entre le fluide caloporteur dans les échangeurs et le fluide frigorigène du cycle de la PAC.

En règle générale, et pour les 3 types d'échangeurs géothermiques, la sélection des matériaux de tube des échangeurs géothermiques doit être effectuée selon les critères suivants :
- non-corrosivité ;
- haute résistance mécanique (compression, choc, etc.) ;
- haute résistance à la fissuration ;
- haute résistance aux fluides utilisés (eau-glycolée) ;
- faible rugosité.

Les différents types d'échangeurs géothermiques

Sondes verticales

Une sonde verticale va puiser ou rejeter l'énergie dans le sous-sol de la terre. Un ou plusieurs forages sont effectués dans lesquels est placé un capteur (tube en U, ou double U en polyéthylène) permettant de faire circuler un fluide caloporteur (eau ou eau glycolée). Ces forages sont ensuite scellés par du ciment et de la bentonite.

La profondeur du forage peut atteindre des profondeurs au-delà de 200 m, mais se limite dans la quasi-totalité des cas à 100 m. Au-delà de cette valeur, une autorisation est nécessaire. En dessous, une déclaration de forage est suffisante.

À 10 m de profondeur, la température du sol est pratiquement constante toute l'année et est voisine de 13 °C. En descendant en profondeur, la température s'élève de 2 à 3 °C tous les 100 m.

La puissance linéaire des capteurs verticaux est d'environ 50 W/m, bien qu'elle dépende de la conductivité thermique du terrain.

La quantité d'énergie utilisable d'une sonde géothermique profonde dépend de plusieurs paramètres :
– de la température atteinte dans le sous-sol, celle-ci étant proportionnelle à la longueur de la sonde ;
– des caractéristiques thermiques du sous-sol, notamment sa conductibilité thermique ;
– du type de construction de la sonde et de la colonne de production.

Les sondes verticales ont des coûts beaucoup plus élevés que les capteurs horizontaux, surplus essentiellement lié au forage. Cependant, elles ont besoin d'une surface de terrain plus faible.

Installation de PAC sur sondes verticales

Capteurs horizontaux

Il s'agit de tuyaux (en polyéthylène généralement) enterrés horizontalement à faible profondeur (de 0,5 à 1,2 m) dans lesquels circule un fluide caloporteur. Les capteurs sont installés sur le terrain jouxtant le bâtiment.

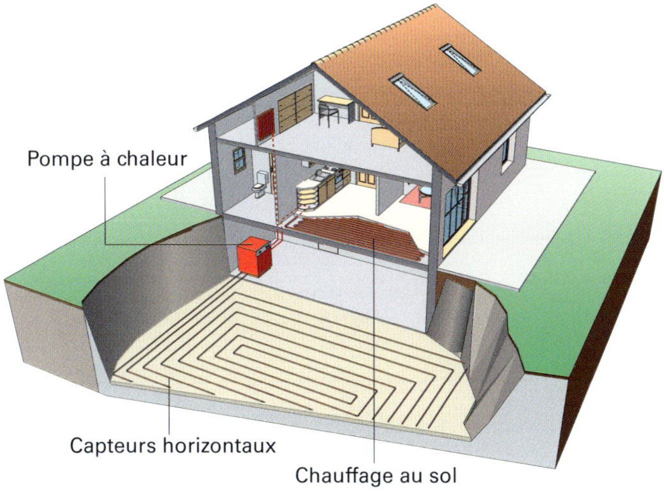

Installation de PAC sur capteurs horizontaux

Selon les fabricants, la surface de captage préconisée varie entre 1,5 et 3 fois la surface chauffée de l'habitation.

À la profondeur à laquelle les capteurs sont installés, l'incidence du flux géothermal est inexistante. Les apports de chaleur sont effectués par l'énergie solaire et les infiltrations de pluie.

C'est pourquoi, le terrain doit être adapté et remplir les conditions suivantes :
– être bien exposé au soleil ;
– ne peut être recouvert d'un revêtement en dur (terrasse, piscine, etc.) ;
– s'il est rocheux et peu favorable aux échanges thermiques, prévoir un lit de sable ;
– s'il est trop pentu, envisager un remblaiement pour les PAC sol/eau ou sol/sol.

Les capteurs horizontaux sont faciles à installer et ont des coûts initiaux plus bas que les capteurs verticaux. Toutefois, ils affichent des rendements inférieurs à cause des températures souterraines plus basses. Ils nécessitent, par ailleurs, une grande surface de terrain.

Corbeilles géothermiques

Les corbeilles géothermiques représentent une combinaison des sondes verticales et des capteurs horizontaux. Cette combinaison permet l'utilisation de la chaleur du sous-sol à quelques mètres de profondeur.

La taille des corbeilles géothermiques nécessite l'installation de plusieurs de ces corbeilles pour chauffer une villa. Elles doivent par ailleurs être reliées entre elles avant connexion à une pompe à chaleur. Ce circuit fermé, dans lequel circule un fluide caloporteur, constitue l'échangeur de chaleur grâce auquel de l'énergie sera soutirée au terrain de manière renouvelable.

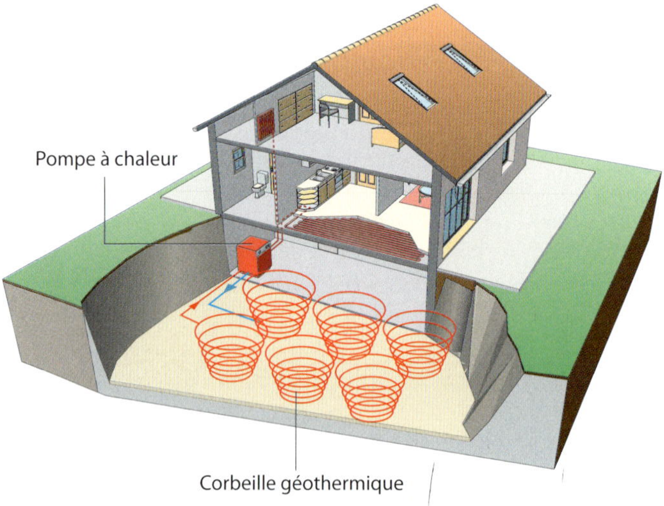

Installation de PAC sur corbeilles

Le nombre de corbeilles énergétiques à installer va dépendre des caractéristiques du terrain ainsi que de la puissance de chauffage demandée.

Une installation pour une maison type nécessite en général 5 à 10 corbeilles géothermiques, mais le nombre de corbeilles diminuera avec la mise en place des exigences de plus en plus fortes de la réglementation thermique (RT 2005, bientôt remplacée par la RT 2010).

La profondeur des corbeilles atteint en général 2 à 3 m. Les sondes permettent de faire du chaud et du froid à l'aide de la PAC.

Cette technique, relativement nouvelle, permet d'équiper aussi bien des maisons individuelles que des bâtiments plus grands, neufs ou rénovés. Du fait de sa faible profondeur et du coût plus intéressant, les corbeilles représentent une alternative intéressante aux sondes géothermiques verticales lorsque, par exemple, l'autorisation de forer ne peut être délivrée.

☞ **Observation**

Étant donnée la diversité de corbeilles géothermiques existant à l'heure actuelle, ce guide ne fournit pas de recommandations pour leur mise en œuvre.

Pour s'assurer d'un dimensionnement correct, se reporter aux recommandations et méthodes préconisées par les fabricants.

Quel système choisir ?

Actuellement, en France, les configurations avec capteurs horizontaux sont les plus répandues. Ces systèmes sont les moins coûteux mais nécessitent de disposer d'une surface de terrain suffisante. Ils sont donc surtout réservés au chauffage des maisons individuelles.

Les configurations verticales sont très bien développées à l'étranger et commencent à être réalisées en France. Ces systèmes sont plus coûteux mais plus performants dans la plupart des cas. Leur emprise au sol est nettement plus réduite. Ils peuvent donc convenir pour chauffer des maisons individuelles, mais surtout de petits ensembles de logements et d'immeubles de bureaux, limités par la surface environnante.

Les corbeilles, technologie plus récente, pourraient jouer un rôle important au fur et à mesure de la réduction des besoins énergétiques des bâtiments. Ainsi, avec les puissances installées de plus en plus petites, les corbeilles représentent une alternative très intéressante d'un point de vue de la performance et du coût.

Le raisonnement pour le choix du bon échangeur géothermique se basera sur les analyses suivantes :
- le climat (sévère, modéré, etc.) ;
- les propriétés thermiques du sous-sol ;
- les besoins thermiques du bâtiment ;
- la surface de terrain disponible.

Si le premier critère de choix est le budget, on vérifiera alors en premier la possibilité d'utiliser les corbeilles. À défaut, pour des climats moins sévères et/ou des zones avec fort ensoleillement, la solution des échangeurs horizontaux peut être envisagée. Pour les climats sévères et des contraintes de surface de terrain, la solution des sondes verticales est préférable.

Si le premier critère de choix est la performance énergétique, les sondes verticales offrent une très bonne performance. Toutefois, les échangeurs horizontaux montrent également dans beaucoup de cas de très bonnes performances. Des simulations numériques, effectuées au CSTB pour différents sols et différents climats en France, ont mis en évidence que, pour le chauffage, les échangeurs horizontaux et verticaux donnent en moyenne des performances quasiment du même ordre de grandeur, pour un dimensionnement suffisant des capteurs horizontaux. En revanche, si l'option de refroidissement/rafraîchissement est choisie, les échangeurs verticaux sont bien plus performants que les échangeurs horizontaux.

Phase préparatoire à la mise en œuvre

Avant tout choix ou dimensionnement, quelques points doivent être clarifiés, permettant le choix d'une solution d'échangeur géothermique adapté au projet.

Contraintes locales

Il est d'abord nécessaire de vérifier auprès des autorités locales si la zone se situe dans une zone de protection d'un prélèvement d'eau potable ou de protection de patrimoine.

> ☞ Observation
>
> *Le maître d'ouvrage est normalement responsable de ces démarches, mais ces dernières peuvent être entreprises par le foreur ou le maître d'œuvre.*

Contraintes de mise en place

Les contraintes de mise en place des échangeurs géothermiques suivantes sont à respecter :

- 1 m des murs extérieurs ;
- 2 m des arbres pour les capteurs horizontaux, 3 m, voire plus, pour les sondes verticales et les corbeilles, surtout pour des arbres avec des racines importantes ;
- 1,5 m des réseaux enterrés non hydrauliques ;
- 3 m des fondations, des puits, des fosses septiques et des évacuations.

Analyse du site

Plan du site

Il est conseillé, avant toute installation, d'établir un plan du site comportant les éléments suivants :

- la forme du terrain ;
- le bâtiment ou les structures existants ou à construire ;
- les arbres ;
- l'accessibilité du terrain par les engins de forage et de terrassement ;
- les réseaux souterrains existants ou futurs (évacuations, eau sanitaire, électrique ou gaz, etc.) ;
- les fosses septiques, puits, etc.
- la présence de nappe phréatique.

Ce plan permettra ensuite de localiser le terrain disponible pour les échangeurs géothermiques ainsi que leur connexion à la PAC et, postérieurement, de faire un choix sur la nature de l'échangeur géothermique adapté.

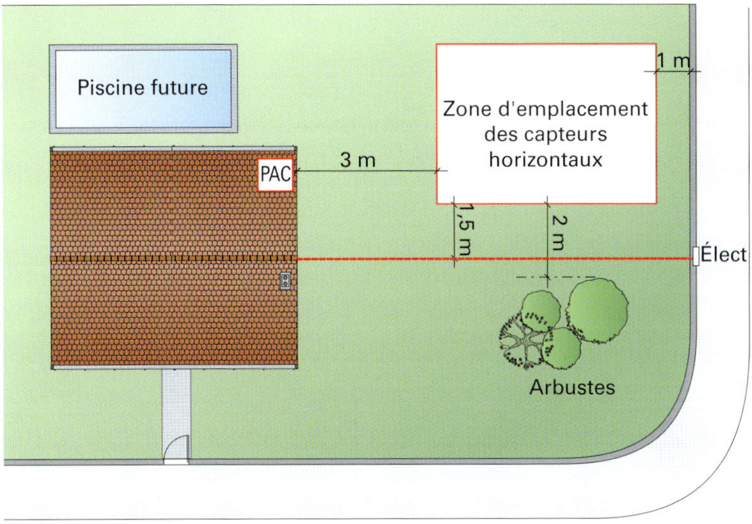

Exemple de plan de site

Vérification de la nature du sol

Dans une deuxième étape, et avant tout choix d'échangeur géothermique, la nature du sol est à vérifier. Un sol moins conducteur augmentera, par exemple, la surface de terrain nécessaire pour un échangeur horizontal de façon significative et posera des problèmes de disponibilité de terrain.

Une première approche peut se faire par la consultation du site Internet du BRGM (Bureau de recherches géologiques et minières, http://www.brgm.fr) qui gère les « géo-rapports » contenant les données disponibles du sous-sol de la région (obtenues par des forages existants).

☞ Observation

En fonction de la localisation, les données disponibles sont plus ou moins fines. Le conseil d'un géologue local connaissant les particularités du sous-sol de la région est également souhaitable.

Sondes verticales

Forage

Les forages sont les éléments du système géothermique qui coûtent le plus cher lors de l'installation. C'est pourquoi, ils nécessitent une programmation rigoureuse ainsi qu'une conception contrôlée afin d'obtenir un rendement maximal de l'installation.

De plus, le fait de creuser le sol à une profondeur non négligeable peut engendrer des risques vis-à-vis du milieu souterrain : contaminations chimiques, bactériologiques, etc. Des échantillons de déblais de forage doivent être prélevés au fur et à mesure du forage pour en enregistrer le profil et s'assurer de l'utilisation de l'outil adéquat pour creuser le terrain.

Attention !
Tout forage au-delà de 10 m de profondeur doit faire l'objet d'une déclaration auprès de la DRIRE de la région avant le démarrage des travaux.

Forage par percussion

Le forage par percussion utilise un trépan très lourd, soulevé à plusieurs reprises et laissé tomber, écrasant et cassant de fait la structure du sol. Ce mouvement de balancier est imposé grâce à un treuil auquel est relié le trépan par l'intermédiaire d'un câble. Les mouvements sont rapides et le travail de l'outil se fait plus par un effet de martèlement dû à l'énergie cinétique que par un effet de poids comme pour le battage au treuil.

Cette technique peut forer n'importe quelle formation, y compris les crevasses et cavernes qui peuvent poser problèmes avec d'autres méthodes. Son inconvénient principal est sa lenteur d'exécution.

Il est habituel de cimenter depuis le bas le forage pour éviter un mélange des eaux souterraines avec les eaux de surface.

Cette méthode présente des avantages par rapport au forage par rotation :
- le forage est relativement peu coûteux et plus simple à mettre en œuvre et ne nécessite qu'une à deux personnes ;
- il n'y a pas de fluide de forage et donc pas de risque de contamination des nappes d'eau souterraines ;
- des données qualitatives et quantitatives peuvent être obtenues pendant le forage, y compris de bonnes évaluations d'écoulement et de température, de niveau d'eau statique et de mesures de chimie de l'eau.

Les taux de profondeur et de pénétration sont limités.

Pour des structures solides, le trou est curé périodiquement pour remonter les débris de roches tandis que pour des terrains ébouleux, un tubage est inséré au fur et à mesure du forage pour assurer la tenue des parois et éviter le coincement de l'outil.

Cette technologie manque de professionnels expérimentés, du fait de la prépondérance des forages par rotation.

Forage au marteau fond de trou (percussion et rotation)

Cette technique, encore appelée « forage à l'air », met en jeu la percussion ainsi que la rotation. L'outil subit une poussée tout en étant en rotation. Principalement employée pour des terrains compacts et rocheux, cette méthode utilise un marteau pneumatique muni de taillants, animé par un envoi d'air comprimé. En réalité, le dispositif de percussion suit progressivement l'avancement du forage tandis que la rotation de l'outil reste commandée à partir de la surface.

Ses avantages sont la rapidité de forage et la possibilité de suivi de la structure géologique du sol.

Ses inconvénients se situent dans l'inaptitude pour les terrains non consolidés ou plastiques. Les déviations seront d'autant plus importantes que le trou sera profond.

Il y a également un risque de formation de bouchons, nécessitant de fréquents nettoyages du trou par soufflage. Ce phénomène n'existe pas lorsque l'ouvrage est totalement sec.

Le compresseur associé nécessite des puissances très élevées.

Forage Odex (technique à circulation inverse)

Ce système est utilisé pour des terrains instables. L'outil est un marteau fond de trou excentrique muni d'une colonne de tubes métalliques qui sert à retenir les parois du trou qui s'affaisseraient.

C'est une méthode à circulation inverse et donc avec tubage à l'avancement, qui évite des éboulements sur l'outil pendant son travail.

Cette technique nécessite une machine avec un fort couple de rotation, car il faut vaincre les frottements dus aux tubes métalliques sur les parois du puits.

Forage Rotary (technique à circulation directe)

Cette technique utilise un tricône, monté au bout d'une colonne de tiges cylindriques creuses, qui est mis en rotation rapide et en translation verticale. Le couple permet le découpage du terrain :
- le tricône détruit la roche par poinçonnement et éclatement en roulant et glissant sur le fond du trou ;
- la poussée permet la pénétration dans le sol.

La technique à circulation directe implique qu'un fluide soit injecté en continu sous pression : les tiges étant creuses, une injection d'eau ou de boue est possible au fond du forage. Les boues sont classiquement composées de colloïdes argileux ou organiques, de fluidifiants et défloculants, d'additifs minéraux, de produits organiques spéciaux, et enfin d'alourdissants. Ce fluide remonte par la suite à la surface en passant dans l'espace annulaire entre les tiges et le trou, permettant de remonter des sédiments à mesure que le trépan creuse. Cela permet également de refroidir l'outil et de consolider les parois, sauf si le terrain manque de cohésion. Il est alors nécessaire d'insérer un tubage dans le forage. De ce fait, la reprise du forage aura lieu dans un diamètre plus petit que précédemment et ainsi de suite. Il y a donc une réduction progressive du diamètre du puits.

Les outils utilisés sont différents selon le type de sol que l'on creuse : trépans à lames, à pastilles, molettes ou tricône, outils diamantés ou à carbures métalliques.

Situation des sondes

La situation de la (ou des) sonde(s) verticale(s) est choisie en fonction des contraintes listées ci-dessus, des raccordements horizontaux possibles et des préférences du client.

Attention !
Pour éviter des pertes de charges hydrauliques dans le réseau (et donc une consommation électrique des pompes de circulation), la distance entre les sondes verticales et la PAC doit être la plus faible possible.

☞ **Observation**
Dans des terrains à pente, il est également préférable d'opter pour un arrangement permettant une pente continue des sondes vers le local technique abritant la PAC afin de faciliter la purge du réseau (sauf dans des regards éventuels, tout élément de connexion hydraulique est à proscrire en dessous de la surface, sous peine de risque de fuite inaccessible).

Disposition des sondes

Systèmes à recharge naturelle

En règle générale, pour un système à recharge naturelle, et pour le cas de plus d'une sonde, plus les sondes sont espacées, plus la performance du système sera élevée.

Une disposition des sondes en ligne ou en L est alors à préférer, avec des distances avoisinant les 10 m.

Systèmes à recharge active

Une disposition en forme de carré est généralement appliquée aux systèmes à recharge active et bâtiments de grande taille.

> *Attention !*
> Cette disposition est fortement déconseillée dans le cas de la maison individuelle.

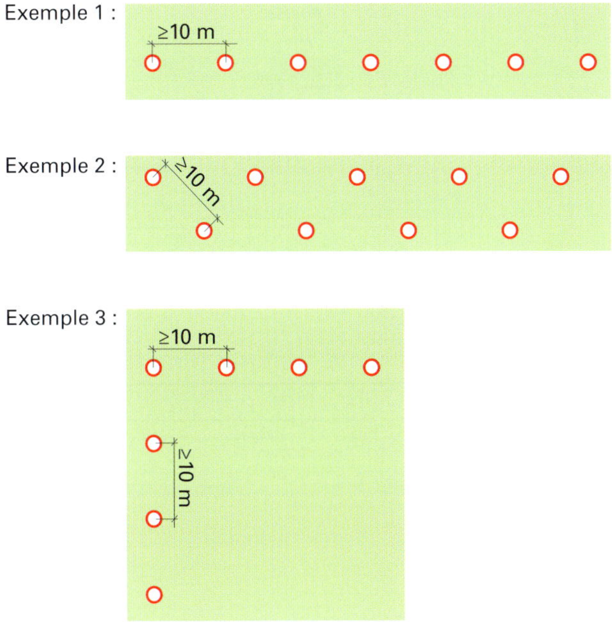

Exemples de disposition de capteurs

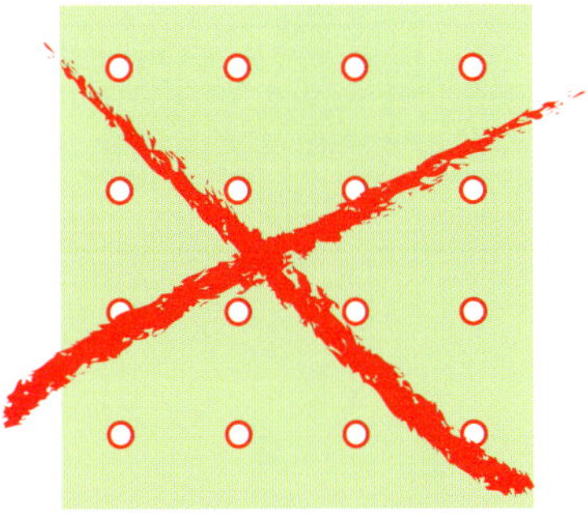

Exemple de positionnement à éviter

Types de sondes

Deux types de sondes existent actuellement sur le marché :
– les sondes en U (rares) et celles en double U ;
– les sondes coaxiales (produits plus récents).

Le dernier type est mis en avant par une efficacité légèrement plus élevée.

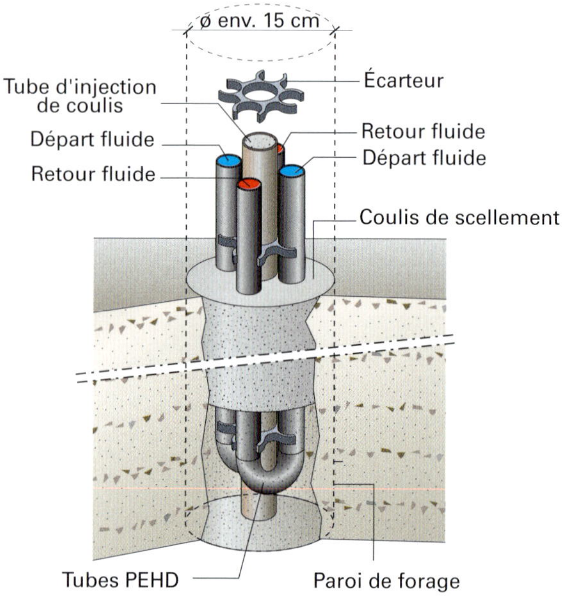

Sonde en double U

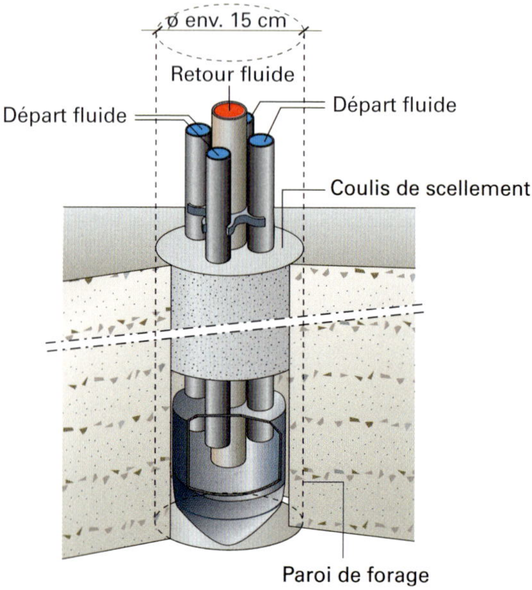

Sonde coaxiale

Le matériau des sondes est le polyéthylène à haute ou basse densité (PEHD et PEBD).

Les dimensions se situent entre DN25 et DN40.

La pression nominale est généralement de 16 bars, permettant la résistance de pression pour une sonde dépassant les 100 m (16 bars correspondent à environ 160 m de colonne d'eau).

> ☞ **Observation**
> *Pour tout type de sonde, les têtes de sondes sont impérativement soudées en usine pour prévenir les fuites.*

Mise en place des sondes

> *Attention !*
> Que ce soit le forage ou la mise en place et la cimentation des sondes, les travaux sont impérativement réalisés par un professionnel de forage, formé aux techniques des sondes verticales (foreur agréé « qualiforage », BRGM, ADEME, EDF).

Forage et remplissage

Après forage, les sondes sont directement déroulées du rouleau. Pour faciliter leur introduction et prévenir une éventuelle remontée par des poussées d'Archimède, les tubes peuvent être remplis d'eau.

Il faut également vérifier l'éventuelle nécessité de lests à fixer sur la tête des sondes ainsi que sur le tuyau de cimentation. Ce dernier doit en effet impérativement descendre jusqu'en bas du forage pour permettre de remplir le forage avec le produit de remplissage du bas vers le haut (on s'assure donc d'un remplissage efficace et homogène).

> ☞ **Observation**
> *En fonction de la profondeur de la sonde, il peut être judicieux de mettre en place plusieurs tubes de cimentation.*
> *En prenant l'exemple de deux tubes de cimentation, le premier descendra jusqu'à la tête de la sonde tandis que le deuxième s'arrêtera à mi-hauteur de la sonde. Le remplissage se fera d'abord par le premier et une fois que la mi-hauteur de la sonde sera remplie, par la deuxième.*

En règle générale, le tube de remplissage est retiré au fur et à mesure du remplissage. Lors de sondes de plus grande profondeur, il est possible que ce tube ne puisse pas être enlevé. Il restera donc dans le forage.

Attention !
Tout autre produit de remplissage, qui n'est pas spécialement développé pour les sondes géothermiques, est à proscrire.
Pour certains types de sol, et même après remplissage complet, le niveau de remplissage peut descendre dans les heures suivant cette opération. Il faut alors compléter le remplissage.

Fixation

Au fur et à mesure de la descente des sondes dans le forage, ces dernières doivent être fixées ensemble avec des écarteurs prévus à cet effet. Le tuyau de cimentation se trouve généralement au centre. Les écarteurs garantissent un bon contact thermique entre les tubes et le remplissage et donc une bonne performance de l'installation.

Mise sous pression

Une fois les sondes mises en place dans le forage, elles doivent être mises sous pression (au moins 6 bars) pendant au moins une heure, si possible plus. Une perte de pression de 0,2 bar est admissible après une heure.

Scellement

Les forages sont ensuite remplis avec un mélange de ciment et de bentonite. Des produits spécifiques aux sondes verticales géothermiques sont disponibles sur le marché. Ces produits garantissent à la fois de bonnes propriétés thermiques et une certaine élasticité permettant de réduire les fissures dans le coulis et donc, à long terme, de bonnes propriétés thermiques.

☞ Observation
En hiver, si la mise en route n'est pas prévue immédiatement après la mise en œuvre, le fluide dans les sondes doit être retiré à l'aide de l'air comprimé (pour éviter tout risque de gel).

Raccordements

Les sondes sont généralement sélectionnées avec une longueur plus élevée que le forage. Ceci permettra ensuite de conduire la sonde, sans connexion (et risque de fuite) jusqu'au local technique abritant la PAC ou jusqu'à un regard contenant les éventuels distributeurs et collecteurs (en cas de plusieurs sondes).

Quelques indications sur la mise en place des raccordements horizontaux sont fournies ultérieurement pour tout type d'échangeur géothermique.

Dimensionnement des sondes verticales

Les calculs présentés ci-dessous sont basés sur un dimensionnement pour le cas du chauffage, comme le rafraîchissement (consigne variable) ne permet pas de déterminer des besoins.

Importance du dimensionnement

Le dimensionnement des sondes verticales est à faire avec précaution. Tout sous-dimensionnement conduira à une dégradation du profil de température dans le sol à long terme (chaque année, la température moyenne du sol diminuera) et donc à une baisse des performances le long de la durée de vie de l'installation.

> ☞ Observation
>
> *Une dégradation de la température moyenne du sol de 5 °C conduira à une baisse de performance de l'ordre de 5 à 10 % et donc à une augmentation de la consommation électrique du même ordre de grandeur.*

Le dimensionnement des sondes se base sur :
- la puissance de dimensionnement de la PAC ;
- la puissance de la PAC selon les données du constructeur (puissance de chauffage/refroidissement, puissance électrique ou performance pour le point de fonctionnement 0-35 °C) ;
- les données géologiques (type de sol, conductivités thermiques, nappe phréatique, etc.).

Il n'existe pas de norme ou de réglementation en France concernant le dimensionnement ou les valeurs limites de dimensionnement. Cependant, des normes étrangères, notamment suisses et allemandes, permettent d'établir ce dimensionnement.

> ☞ Observation
>
> *Différentes méthodes sont développées en détail sur le site http://www.valpac.fr.*
>
> *Ce guide donnera un exemple simple et rapide, basé sur une de ces méthodes : la directive allemande VDI 4640, parties 1-4.*
>
> *Cependant, d'autres références peuvent également être prises en considération.*

Données géologiques

La référence VDI 4640, partie 2, fournit des puissances maximales à extraire par la sonde. Les seuils donnés assurent une recharge naturelle. Le tableau ci-dessous résume les données disponibles dans cette directive.

Puissance spécifique P_{sp} en fonction du type de sol		Extraction de chaleur spécifique P_{sp} [W/m]	
		1 800 h/an [1]	2 400 h/an [1]
Valeurs générales	Conductivité < 1,5 W/m/K	25	20
	1,5 < conductivité < 3 W/m/K	60	50
	Conductivité > 3 W/m/K	84	70
Sols typiques	Gravier, sable (sec)	< 25	< 20
	Gravier, sable (saturé)	65-80	55-65
	Gravier, sable (vitesse de nappe élevée)	80-100	80-100
	Terre argileuse (humide)	35-50	30-40
	Calcaire (massif)	55-70	45-60
	Grès	65-80	55-65
	Granite	65-85	55-70
1. Heures de fonctionnement de la PAC par an.			

Pour l'injection de chaleur dans les sondes (cas du refroidissement ou du rafraîchissement), SIA (Société suisse des ingénieurs et des architectes) propose une valeur de 30 W/m à ne pas dépasser.

Détermination de la longueur de sonde

Toutes les données sont maintenant disponibles pour déterminer la longueur de sonde(s) nécessaire(s).

À partir de la puissance nominale de la PAC (puissance côté condenseur), le calcul se fait de la manière suivante :

- **Calcul de la puissance de la sonde :**

$\text{Puissance}_{\text{sonde}}$ [W]= $\text{Puissance}_{\text{condenseur}}$ [W] x (COP – 1) / COP

- **Calcul de la longueur de sonde totale nécessaire :**

$\text{Longueur}_{\text{sonde}}$ [m] = $\text{Puissance}_{\text{sonde}}$ [W] / Psp [W/m]

Ce calcul est synthétisé dans les figures ci-dessous sous forme de diagrammes.

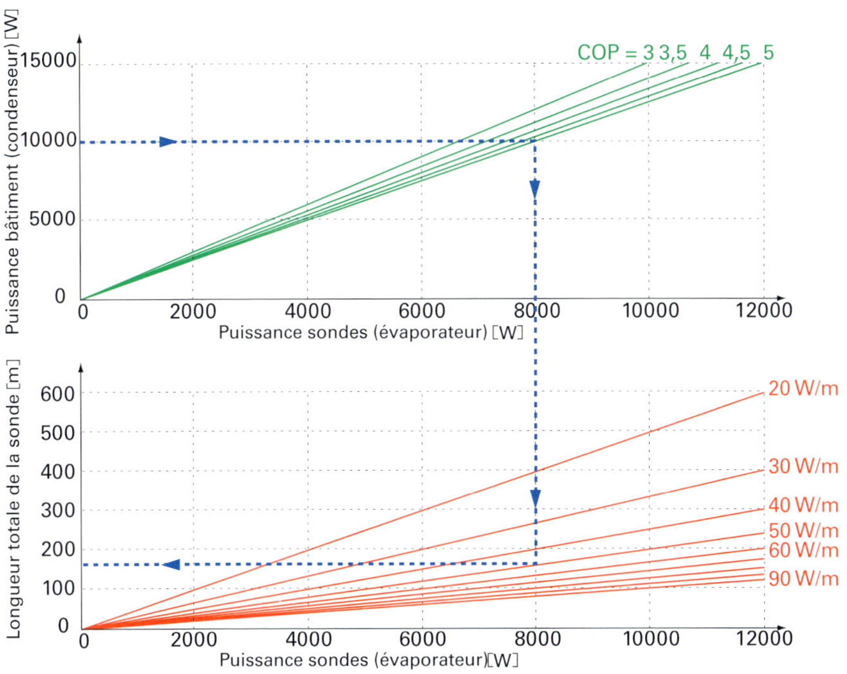

Diagramme de dimensionnement simplifié pour le dimensionnement des sondes

- **Exemple de lecture du diagramme :**

Pour une PAC de puissance 10 kW côté condenseur, un COP de 5 ainsi que 50 W/m, la longueur de sonde totale à installer est de 160 m. Il conviendra alors d'installer deux sondes de 80 m de profondeur.

Capteurs horizontaux

Préparation du terrain

Les échangeurs horizontaux nécessitent des terrassements et des technologies différentes. Le choix de la machine dépend des conditions locales du site. Les différentes technologies sont détaillées dans les paragraphes suivants.

La trancheuse

C'est souvent la méthode la plus économique. Son exécution est, de plus, relativement rapide si le sol ne contient pas de grosses pierres.

La machine est capable de réaliser une tranchée étroite d'environ 0,15 m avec une profondeur maximale de 2 m.

La pelleteuse

Surtout utilisée dans les zones rocailleuses, elle permet de réaliser des travaux assez rapidement.

Avec une largeur d'environ 0,6 m, on peut installer 4 à 6 tubes dans chaque tranchée. Cela minimise la longueur totale des capteurs et, de fait, le temps nécessaire à ce travail.

Attention !
Lors du remblaiement de la terre, il faut prendre garde aux mottes qui peuvent former des amas et ainsi créer des vides d'air autour des tubes.

La charrue enfouisseuse

Cette méthode peut être très rapide dans les sols non rocailleux ou instables, car il n'y a pas de remblaiement à faire. La machine crée un puits dans le sol, y place un seul tube puis repart.

Cette méthode ne peut être envisagée que si le sol a la faculté de bien se refermer sans vides d'air.

Avec une profondeur maximum de 0,9 m, son utilisation est limitée pour des surfaces de captage relativement importantes car seul un tube est posé dans la tranchée.

Le bulldozer

Celui-ci est concevable en construction neuve ou pendant des travaux lourds, car de grandes quantités de terre doivent être retournées.

Il est également envisageable pour des sols ne supportant pas les tranchées : sols non consolidés et instables pouvant s'ébouler.

Situation des capteurs

La situation du(des) capteur(s) est choisie en fonction :
– des contraintes listées dans le paragraphe « Conception et mise en œuvre », « Phase préparatoire » du chapitre sur les « Échangeurs géothermiques » ;
– des raccordements horizontaux possibles ;
– et des préférences du client.

☞ Observations

• *Pour éviter des pertes de charges hydrauliques dans le réseau (et donc une consommation électrique des pompes de circulation), la distance entre les capteurs et la PAC doit être la plus faible possible.*

• *Dans des terrains à faible pente, un arrangement est souhaitable permettant une pente continue des capteurs ou des distributeurs/collecteurs vers le local technique abritant la PAC pour faciliter la purge du réseau (sauf dans des regards éventuels, tout élément de connexion hydraulique est à proscrire en dessous de la surface sous peine de risque de fuite inaccessible).*

Dimensionnement des capteurs

Comme pour les sondes verticales, les calculs présentés ci-dessous sont basés sur un dimensionnement pour le cas du chauffage, comme le rafraîchissement (consigne variable) ne permet pas de déterminer des besoins.

Le prélèvement maximal journalier est fonction de la nature du terrain (humidité, principalement), mais ne devra pas dépasser 40 W/m² en puissance moyenne journalière et 15 W/m linéaire de tube en puissance moyenne journalière.

> ☞ **Observation**
> *Si l'on dépasse ces valeurs, il faudra que cela soit justifié en fonction notamment de la profondeur d'enterrement, de la nature du terrain et du taux d'imperméabilisation.*

Un espacement de 40 cm entre les tubes permet de respecter cette limite. Les tubes seront posés sur un seul niveau et à la même profondeur.

Dès lors que la grosseur des pierres est supérieure à 100 cm^3 ou que la densité de pierre est supérieure à 20 % du volume de terre, un lit de sable devra être mis en place.

Les canalisations d'eau (eaux usées ou eaux froides) doivent être éloignées d'au moins 2 m des tubes du capteur, afin d'éviter toute prise en glace.

La norme allemande VDI 4640, partie 2, permet de définir la puissance spécifique qu'il est possible d'extraire selon la nature du sol et la durée annuelle de fonctionnement. Les différentes valeurs sont regroupées dans le tableau suivant (cas d'une extraction de chaleur seule pour le chauffage et/ou la production d'eau chaude sanitaire).

Taux d'extraction en fonction de la nature du sol et de la durée annuelle de fonctionnement (VDI 4640-2)

Sous-sol	Taux spécifique d'extraction de chaleur {W/m²}	
	1 800 h	2 400 h
Non cohésif, sec	25	20
Cohésif, humide	60	50
Saturé d'eau, sable ou gravier	84	70

Pour des durées annuelles de fonctionnement supérieures à 2 400 h, il est nécessaire d'évaluer l'influence sur le long terme du phénomène d'extraction de la chaleur. On retiendra alors que le taux d'extraction annuel doit être compris entre 100 et 150 kWh (m.an) dans le cas d'une extraction sans recharge.

Mise en place des tubes

Le matériau des tubes est le polyéthylène à haute ou basse densité (PEHD et PEBD). Les dimensions se situent entre DN20 et DN30.

Valeurs de profondeur

Le capteur est posé à une profondeur typique de l'ordre de 80 cm.

Une profondeur plus faible favorise une recharge par les conditions climatiques, mais risque également une baisse de température importante lors des périodes de grand froid et, pour une utilisation en refroidissement, des performances moyennes dues à l'impact fort de l'ensoleillement.

Une profondeur plus élevée évite des baisses de performance en période de grand froid, mais diminue la recherche naturelle du sol par les conditions climatiques. En saison de refroidissement, une profondeur plus élevée permet d'obtenir des performances légèrement supérieures.

Les valeurs types de profondeur varient entre 50 et 150 cm.

Éviter les endommagements

Le capteur est posé à même le sol décapé. Lorsque de gros cailloux risquent d'endommager le tube, lors du remblaiement, il convient d'étaler du sable.

Afin de prévenir les risques accidentels d'endommagement du capteur extérieur lors de possibles travaux de terrassement ultérieurs, un dispositif d'avertissement conforme à la norme NF EN 12613 « Dispositifs avertisseurs à caractéristiques visuelles, en matière plastique, pour câbles et canalisations enterrés » est mis en place sur la zone de captage. Le dispositif avertisseur, de couleur dominante bleu (la couleur jaune étant réservée aux gaz) est placé au minimum à 30 cm des tubes. Il débordera d'au moins 40 cm sur la périphérie de la surface de captage.

Imperméabilisation limitée

Le capteur récupère la chaleur du sol et ce d'autant mieux que le sol est humide. En conséquence, le pourcentage de zone imperméabilisée (allée, par exemple) située au-dessus de la zone de captage ne doit pas excéder 10 % de celle-ci.

Conseils de mise en œuvre

Les tubes des capteurs sont repérés de manière précise sur un plan de recollement remis à l'usager. Une étiquette placée sur l'armoire technique rappelle la présence des serpentins.

Chaque couronne de tube est raccordée à un distributeur et à un collecteur.

La mise en œuvre doit être effectuée par un installateur qualifié (attestation d'assurance décennale liée à l'activité exercée) et respectant les instructions des fabricants de l'ensemble des composants du système.

> *Attention !*
> On ne doit pas construire au-dessus de l'ensemble de la surface utilisée par les échangeurs.
> La surface ne doit pas être rendue étanche (asphalte, etc.), sauf si cet aspect a été pris en compte lors de la conception.

Partie surface des circuits géothermiques

Composants du système de surface

Raccordement des échangeurs géothermiques à la PAC

Dans le cas de plusieurs échangeurs géothermiques, il est nécessaire de mettre en place un distributeur/collecteur permettant l'équilibrage hydraulique des différents échangeurs qui seront alors connectés en parallèle. Dans ce cas, pour minimiser les pertes et pour réduire le calorifugeage des connexions, il est également conseillé de mettre en place les distributeurs/collecteurs à l'extérieur du bâtiment. Les équipements doivent alors être placés dans un regard, facilement accessible.

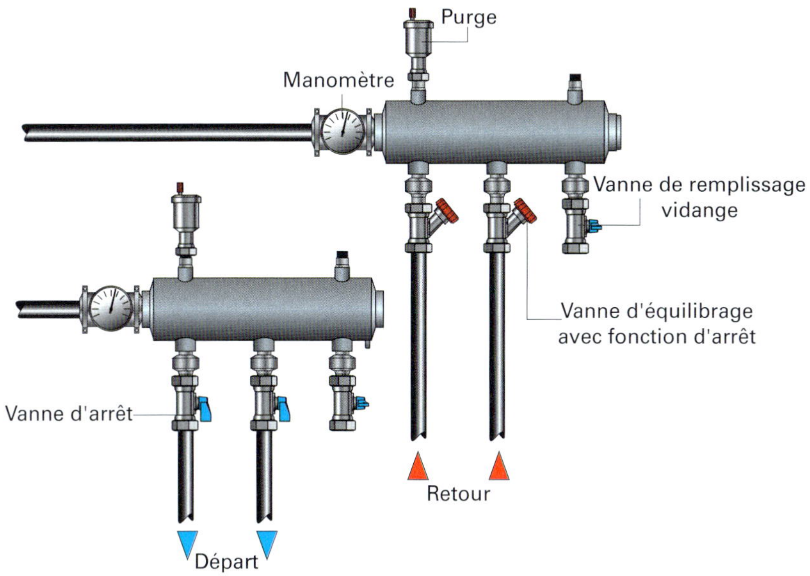

Distributeur/collecteur des échangeurs géothermiques

Traversée du mur par les tuyauteries

Au passage du mur et jusqu'à la PAC ou un éventuel ballon tampon, les tubes de l'échangeur doivent être isolés.

Le passage du mur, après pose de tous les tubes, doit être rendu étanche pour éviter toute infiltration d'eau vers le bâtiment.

Dispositifs de remplissage, de vidange et de prélèvement du liquide caloporteur

Le tracé des tuyauteries de l'ensemble de l'installation doit permettre le remplissage et la vidange totale de l'installation.

Après le rinçage de l'installation, les circuits hydrauliques doivent être vidangés dans leur totalité afin de garantir le mélange de fluide (eau glycolée/eau) préparé avant le remplissage.

Le dispositif de remplissage peut être le même que celui de vidange. Il doit dans ce cas être accompagné d'un manomètre dans chaque circuit afin de contrôler la pression lors du remplissage et, plus tard, de vérifier le maintien en pression pendant le fonctionnement de l'installation.

Dispositifs de purge

Le tracé des tuyauteries de l'ensemble de l'installation doit également permettre l'évacuation des gaz qui peuvent s'y trouver en cours de fonctionnement.

Il est conseillé d'installer des purgeurs automatiques permettant d'évacuer la totalité de l'air permettant ainsi un fonctionnement correct de l'installation.

Des purgeurs sont également à installer en haut des collecteurs et distributeurs hydrauliques des échangeurs géothermiques.

Vannes d'arrêt et d'équilibrage

Chaque boucle hydraulique doit comporter deux vannes d'arrêt et un organe d'équilibrage.

Les fonctions arrêt et équilibrage doivent être indépendantes. Si elles sont réalisées par le même appareil, la fonction équilibrage doit être mémorisable.

Pompes du circuit des échangeurs géothermiques

Les pompes sont généralement intégrées dans la PAC elle-même. Dans le cas contraire, des pompes doivent être sélectionnées afin d'être adaptées aux températures de fonctionnement et aux fluides caloporteurs utilisés.

Le dimensionnement se fait selon les indications données par les fabricants et en fonction des caractéristiques du réseau hydraulique.

Attention !
Dans le cas de l'utilisation d'un mélange eau/glycol (cas type des échangeurs géothermiques), à la place de l'eau, une correction doit être faite pour les valeurs de débit car les courbes caractéristiques des pompes, déterminées pour de l'eau, surestiment les débits réels. Des facteurs correctifs fournis par les fabricants de pompes sont à appliquer.

Filtres

Afin d'éviter tout colmatage des échangeurs, un filtre est obligatoire (< 0,6 mm) de chaque côté de la PAC.

Isolation thermique

L'ensemble des circuits hydrauliques, même à l'intérieur du bâtiment, est à isoler pour minimiser à la fois les pertes thermiques de l'installation et les risques de condensation.

☞ Observation

Les parties à l'extérieur du bâtiment, dans le sol, ne nécessitent pas forcément une isolation. Le type d'isolant doit être adapté au milieu où il est posé. À l'extérieur, l'isolant doit être adapté à une intégration dans le sol et à l'humidité.

Dans le cas des sondes verticales, pour optimiser la performance de l'installation, le départ de la PAC vers les sondes peut se faire sans calorifugeage tandis que le retour est calorifugé. Ceci permettra un refroidissement du fluide caloporteur à la surface du sol.

Protection contre le gel

Dans la plupart des cas, le fluide du circuit des échangeurs géothermiques est de l'eau glycolée.

Pour les sondes verticales, le fluide peut également être de l'eau pure, si le système a été dimensionné pour fonctionner au-dessus de 0 °C (dimensionnement grand des sondes verticales).

Pour tout système (horizontal ou vertical), dans des zones climatiques modérées et sans risque de gel pendant le fonctionnement et pour un dimensionnement très important des échangeurs, de l'eau peut être utilisée. Dans ce cas, il est recommandé de faire des études par simulation numérique sur au moins 10 ans afin de s'assurer du non-gel. Le thermostat de sécurité de la PAC doit alors être limité à une température de départ de la PAC au-dessus de 2 °C pour s'assurer du non-gel du fluide.

Le mélange eau/glycol est en principe à calculer pour assurer une limite de gel du fluide 7 °C en dessous de la température minimale d'évaporation de la PAC. Dans la plupart des cas, le mélange est préparé dans des concentrations de 30 à 50 % de glycol (40 % en général). Le mélange est réalisé par l'installateur avant le remplissage pour garantir un mélange complet du fluide dans l'ensemble du réseau des échangeurs.

Protection contre des défauts de pression

L'expansion du fluide caloporteur (eau ou eau glycolée) s'effectue par un vase d'expansion. Dans la plupart des cas, ces vases peuvent déjà être intégrés dans la PAC. Si ce n'est pas le cas, une vase d'expansion externe est à mettre en place.

Pour prévenir un remplissage trop important, il est nécessaire d'installer une soupape de sécurité. Le tube de sortie de cette soupape est à conduire vers une évacuation d'eau.

Enfin, un manomètre permettra de vérifier la pression dans le réseau des échangeurs géothermiques. La mise en place d'un système d'alarme de basse pression est également conseillée. Ainsi, en cas de pression insuffisante, une alarme arrêtera la PAC. Après remise en pression par l'installateur, la PAC pourra être relancée.

Mise en œuvre du système de surface

La mise en œuvre doit être effectuée par un installateur qualifié (attestation d'assurance décennale liée à l'activité exercée) et respectant les instructions des fabricants de l'ensemble des composants du système.

Caractéristiques des émetteurs de chaleur/froid

Les émetteurs adaptés à la PAC géothermique peuvent être classés en deux catégories : les émetteurs intégrés et les émetteurs localisés.

Principaux critères de sélection

Différents critères sont à considérer au moment de la sélection du type d'émetteur :
- le niveau de température et la différence de température (départ-retour) adaptés à la PAC ;
- le confort thermique et les vitesses de l'air acceptables ;
- la régulation de température ;
- la possibilité de rénovation ou de modification des émetteurs ;
- d'autres contraintes.

Les différents types d'émetteurs sont abordés dans les paragraphes ci-après, en fonction de ces critères.

Émetteurs très basses températures (émetteurs intégrés)

Il s'agit d'émetteurs de type plancher, plafond ou cloison chauffant/rafraîchissant ou d'éléments thermo-actifs.

En règle générale, un émetteur à très basses températures présente les avantages suivants :
- un niveau de température qui peut être très bas. Il sera donc le plus favorable à une PAC géothermique (meilleur COP) ;
- moins de circulation d'air dans les pièces grâce à une partie radiative de l'émission de chaleur plus grande ;
- une très bonne homogénéité de température (moins de stratification de température) ;
- une possibilité de réversibilité du système avec la surface d'échange plus grande (rafraîchissement possible).

Les inconvénients se situent au niveau :
- de la régulation de température ;
- des souhaits de rénovation ou de modification car ces émetteurs intégrés nécessitent de travaux lourds en cas de modification.

Dans le cas d'un émetteur réversible, une sonde de température de surface et/ou une sonde d'humidité sont nécessaires pour éviter tout risque de condensation.

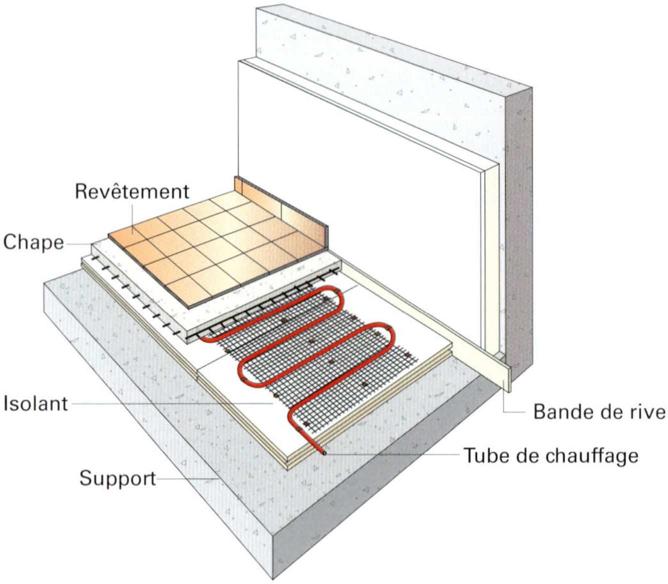

Exemple de plancher chauffant

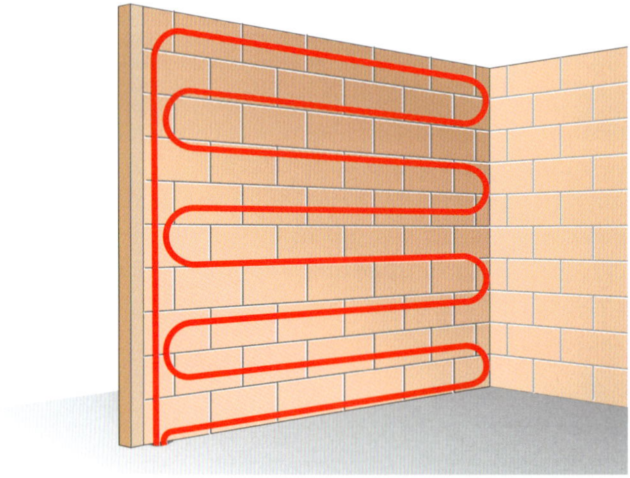

Exemple de cloison chauffante

Émetteurs moyennes à basses températures (émetteurs localisés)

Dans cette catégorie, les émetteurs adaptés à la PAC géothermique sont le ventilo-convecteur (VCV) et le radiateur à eau chaude. Ce dernier doit être dimensionné afin de fonctionner avec la température de départ la plus basse possible.

Les émetteurs localisés montrent les avantages suivants :
- une très bonne régulation de température ;
- dans la plupart des cas, une consommation d'énergie plus faible ;
- un accès aux émetteurs permettant des modifications ou rénovations sans travaux lourds.

Les inconvénients concernent essentiellement :
- les vitesses de l'air qui sont plus élevées (surtout en cas de VCV), avec par conséquent un niveau de confort réduit dû aux courants d'air éventuels ;
- une homogénéité de température moins bonne que pour les émetteurs intégrés ;
- pour le VCV en mode froid, une recirculation d'air froid en basse vitesse (retombées d'air froid au milieu de la pièce) ;
- la prise d'espace le long des murs (impossibilité de positionner des meubles devant les émetteurs).

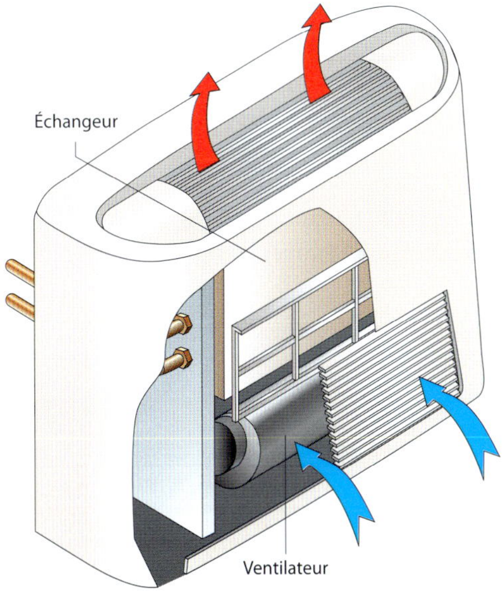

Exemple de ventilo-convecteur

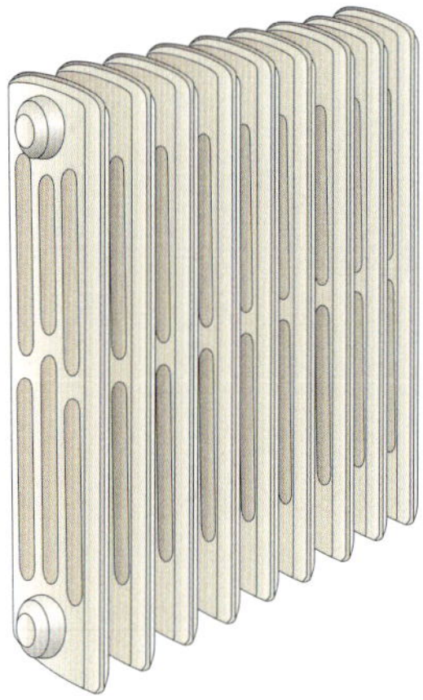

Radiateur à eau chaude

Conseils pour tout type d'émetteur

La mise en œuvre des émetteurs doit respecter les normes en vigueur et les recommandations du fabricant.

Il faut dimensionner les émetteurs afin de garantir le confort avec la température la plus faible possible en chauffage et la température la plus chaude en refroidissement.

Attention !

L'application d'une loi d'eau (la température de départ de consigne dépend dans ce cas de la température extérieure) ou d'autres fonctionnements garantissant un niveau de température très faible est cruciale.

Chaque pièce doit avoir son circuit de chauffage.

Les meubles ou revêtement de sol peuvent diminuer la puissance de chauffe/froid pour les émetteurs intégrés et localisés.

Une intermittence de la température de consigne entre jour et nuit est fortement recommandée pour les émetteurs localisés ou peu inertes. La consommation d'énergie peut ainsi être diminuée. Dans le cas du plancher chauffant classique (donc inerte), une intermittence n'est pas recommandée, sauf après une analyse plus détaillée du projet (étude par simulation numérique) permettant de prouver une économie d'énergie de cette solution.

Comparatif des différents émetteurs existants

Récapitulatif avantages / inconvénients des émetteurs		
Émetteur	**Avantages**	**Inconvénients**
Plancher chauffant refroidissant[1]	• Du fait de la grande surface à émission de chaleur élevée, peut fonctionner à très basse température • Température très homogène dans la pièce (gradient de température) • Grâce à son inertie, le plancher sert d'élément de stockage de chaleur/froid (moins de cycles de la PAC, heures creuses, etc.) • Permet le rafraîchissement direct, sans mise en route de la PAC • Est invisible et génère moins de circulation d'air et de traces de poussière • Températures d'air plus basses (chauffage), environnement plus sain • Certains nouveaux systèmes de plancher à faible inertie (utilisés en rénovation) ne présentent plus de problème de stockage et d'inertie	• Du fait de l'inertie, une régulation moins performante (surtout surchauffe en hiver avec ensoleillement fort) • Une fois installé, ne peut être modifié ou réparé qu'avec des travaux lourds • Attention particulière à la condensation sur la surface du plancher en mode été • Limitation des revêtements de sol, particulièrement en mode froid • Attention particulière à la température maximale de 28 °C en chauffage (confort) • Inconfort éventuel en mode froid • Interdit en mode rafraîchissement dans les pièces d'eau • Coût élevé
Plafond chauffant rafraîchissant[1]	• Du fait de la grande surface d'émission de chaleur élevé, peut fonctionner à très basse température • Température très homogène dans la pièce en mode rafraîchissement (gradient de température) • Faible inertie permettant une bonne stabilité de régulation • Permet le rafraîchissement direct sans mise en route de la PAC • Invisible, moins de circulation d'air et de traces de poussière • Températures d'air plus basses (chauffage), environnement plus sain	• Une fois installé, ne peut être modifié ou réparé qu'avec des travaux lourds • Température moins homogène dans la pièce en mode chauffage (gradient de température) • Attention particulière à la condensation sur la surface du plafond en mode été, avec inconfort ponctuel du fait de la puissance limitée • Coût élevé • Interdit en mode rafraîchissement dans les pièces d'eau

1. Les Avis Techniques des produits concernés peuvent être consultés sur le site Internet du CSTB : http://www.cstb.fr.

▶▶▶

Récapitulatif avantages / inconvénients des émetteurs		
Émetteur	**Avantages**	**Inconvénients**
Mur chauffant rafraîchissant [(1)]	• Du fait de la grande surface d'émission de chaleur élevé, peut fonctionner à très basse température • Température très homogène dans la pièce (gradient de température) • Permet le rafraîchissement direct sans mise en route de la PAC • Invisible, moins de circulation d'air et de traces de poussière • Températures d'air plus basses (chauffage), environnement plus sain	• Une fois installé, ne peut être modifié ou réparé qu'avec des travaux lourds • Attention particulière à la condensation sur la surface du mur en mode été, avec inconfort ponctuel du fait de la puissance limitée • Coût élevé • Interdit en mode rafraîchissement dans les pièces d'eau • Attention particulière à prendre selon le parement ou le support • Limitation de meubles ou de tapisserie devant la cloison
Radiateur à eau chaude	• Très bonne stabilité de régulation de température • Accessibilité de l'émetteur en cas de modification ou de rénovation • Bon confort thermique si le radiateur est bien dimensionné (longueur de radiateur au moins égale à la largeur de la fenêtre évitant des retombées d'air froid le long du mur extérieur)	• Sauf pour un dimensionnement très couteux, COP plus faible du fait des températures de départ plus importantes • Température moyennement homogène dans la pièce (stratification de températures plus forte que pour le plancher chauffant) • Une bonne performance nécessite un dimensionnement plus grand du radiateur : l'émetteur occupe donc plus de place • Nécessite un ballon de stockage supplémentaire pour limiter les cycles de la PAC (pour une PAC TOR)
Ventilo-convecteur	• Très bonne régulation (chauffage/refroidissement de l'air) • Accessibilité de l'émetteur en cas de modification ou de rénovation	• Nécessite un dimensionnement à températures moins favorables • Température moyennement homogène dans la pièce (stratification de températures plus forte que pour le plancher chauffant) • Vitesses de l'air plus élevées et risque de retombées d'air froid en mode refroidissement (confort) • Nécessite un ballon de stockage supplémentaire pour limiter les cycles de la PAC (pour une PAC TOR)

1. Les Avis Techniques des produits concernés peuvent être consultés sur le site Internet du CSTB : http://www.cstb.fr.

Dimensionnement des émetteurs

Principaux régimes de températures

Les niveaux de températures types des émetteurs sont listés dans le tableau ci-dessous :

Régimes de températures types des émetteurs				
Émetteur	Chauffage		Rafraîchissement* Refroidissement**	
	Départ (1) maximum [°C]	Δ T maximum [K]	Départ (1) minimum [°C]	Δ T maximum [K]
Plancher/plafond chauffant	35-40	5	18-22*	5*
Radiateur EC	40-50	5	Fortement déconseillé	
Ventilo-convecteur	40-50	5	7-15* ou **	5* ou **
1. L'application d'une loi d'eau est cruciale pour obtenir de bonnes performances.				

Le dimensionnement pour le chauffage se fait de manière à calculer les déperditions de la pièce, sans prendre en compte les gains éventuels (solaire, occupants, équipements, etc.).

En revanche, le dimensionnement en mode froid prend en compte, en plus des déperditions thermiques, l'ensemble des gains intérieurs ou extérieurs.

Pour un émetteur réversible (hors VCV 4 tubes), le dimensionnement se fait pour la puissance la plus élevée entre les modes chaud et froid.

Quelques éléments de base spécifiques à chaque émetteur sont ci-dessous abordés. Pour plus de détail, se référer aux guides plus spécifiques pour le dimensionnement de ces émetteurs.

Plancher chauffant

Tuyaux

La longueur maximale de tuyau à ne pas dépasser est de 100 m par circuit.

L'espacement (pas de pose) des tuyaux se situe entre 80 et 350 mm (des valeurs plus élevées ne permettraient pas une température homogène). L'AFPAC (l'Association française pour les pompes à chaleur) propose des valeurs entre 80 et 200 mm pour une PAC réversible.

Résistance thermique

La résistance maximale thermique du plancher intégrant le revêtement de sol est de l'ordre :
– de 0,13 à 0,15 m^2K/W en mode chauffage selon le revêtement de sol choisi ;
– et de 0,13 m^2K/W en mode rafraîchissant, dont 0,09 m^2K/W pour le revêtement de sol.

> ☞ Observation
> *En mode rafraîchissant, les type de revêtements de sol sont limités (voir CPT « Planchers réversibles à basse température », cahier du CSTB n° 3164).*

Selon l'article 35.2 de l'arrêté du 23 juin 1978, le plancher chauffant dans l'habitat doit être conçu et installé de manière à ne dépasser 28 °C de température maximale de surface en aucun point. Le calcul du pas de pose permet de ne pas dépasser 90 W/m², valeur limite permettant de rester en dessous de 28 °C.

Pour respecter cette température limite, il peut être nécessaire dans certains endroits où la densité de tubes est importante (couloirs) de limiter l'émission de ceux-ci à l'aide du gainage d'une partie de ces tubes.

> ☞ Observation
> *La norme NF EN 1264-3 « Systèmes de surfaces chauffantes et rafraîchissantes hydrauliques intégrées - Partie 3 : dimensionnement » prescrit comme températures maximales 29 °C et 35 °C en zone périphérique. Cependant, la valeur à respecter est celle de l'arrêté du 23 juin 1978.*

Les températures de départ en mode chauffage doivent être en dessous de 45 °C et de préférence plus faible à des valeurs de 30 à 40 °C. En mode refroidissement, le *cahier du CSTB*, n° 3164, propose entre 18 et 22 °C, en fonction de la zone climatique.

La résistance thermique du plancher chauffant doit être conforme aux réglementations thermiques relatives aux caractéristiques thermiques des bâtiments. Dans le cas particulier d'un plancher chauffant donnant sur l'extérieur, un vide sanitaire, un parking collectif, un comble ou le sol, une isolation thermique minimale est nécessaire pour respecter les seuils imposés (définies dans les règles de calcul Th-bât et Th-U).

Schémas de pose

Il est recommandé de respecter une distance du plancher de 100 mm des murs, de 200 mm des conduits de fumée, de foyer ouvert et des cages d'ascenseurs et 150 mm des murs extérieurs.

Deux schémas de pose sont courants : la pose en serpentin et la pose en spirale.

> *Attention !*
> Toute installation d'un plancher chauffant rafraîchissant avec tubes en matériau de synthèse doit faire l'objet d'un Avis Technique sur le tube et être couverte par une police d'assurance spécifique.

Ventilo-convecteur et radiateur

Pour obtenir à la fois un bon COP et un très bon confort, deux points clés doivent être respectés lors du dimensionnement des émetteurs :

- pour le radiateur, un dimensionnement sur la totalité de la longueur de la fenêtre est conseillé afin d'éviter des retombées d'air froid le long des fenêtres. Cette règle est très courante en Allemagne et assure à la fois une opération à très basse température et un confort maximal ;
- pour le ventilo-convecteur, un dimensionnement à une température plus basse que pour une utilisation classique est préconisé.

Le dimensionnement se fait par rapport aux données et indications des fabricants des émetteurs. Des abaques ou tableaux ainsi que des méthodes de calcul, sont généralement disponibles pour obtenir les puissances nominales aux températures de fonctionnement de la PAC.

Dans le cas du ventilo-convecteur, le dimensionnement se fait :

- pour une moyenne vitesse avec 3 vitesses ;
- pour une petite vitesse avec 2 vitesses.

Régulation de la température d'ambiance

L'utilisation d'un thermostat d'ambiance est recommandée dans chaque zone thermique. Une zone thermique est une pièce ou un ensemble de pièces d'un comportement thermique similaire.

La PAC est commandée pour maintenir une température de départ ou de retour selon une loi d'eau adaptée au dimensionnement des émetteurs. La loi d'eau peut être corrigée en fonction de la température dans une zone caractéristique du bâtiment (zone la plus défavorisée). Pour les autres zones, un thermostat régule une vanne de régulation (souvent en TOR « tout ou rien »).

> ☞ **Observation**
>
> *Dans les cas d'installations avec un appoint électrique, l'application d'une loi d'eau est obligatoire.*

Un dispositif de sécurité de surchauffe doit être intégré entre la PAC (et les appoints éventuels) et les émetteurs de chaleur. Ce dispositif doit être suffisamment loin des appoints éventuels pour prévenir un déclenchement trop rapide.

Circuit hydraulique de distribution de chaleur/froid

Principaux circuits de distribution

La distribution la plus courante est le réseau bitube.

Dans le cas du radiateur à eau chaude, le débit nécessaire par zone thermique est réglé par des robinets thermostatiques.

Dans le cas du ventilo-convecteur une vanne 3 voies est la plus fréquente.

Dans le cas du plancher chauffant, le réseau bitube alimente des distributeurs/collecteurs desservant les circuits de plancher des différentes zones thermiques.

Dans une installation avec des circuits à température de départ différente (cas courant d'une installation de plancher chauffant combiné à des radiateurs à eau chaude), le circuit à plus basse température est équipé d'une vanne 3 voies mélangeuse et d'une pompe de circulation séparée.

Les éléments de base d'une installation classique sont décrits ci-après.

Soupapes de sécurité

Une soupape à 3 bars est intégrée dans chaque circuit hydraulique séparé. En règle générale, il s'agit de 2 soupapes : une côté échangeur géothermique et une autre côté distribution dans le bâtiment.

Attention !
Une soupape supplémentaire est à intégrer dans le circuit si un réchauffeur peut être isolé hydrauliquement du circuit de la PAC.

Purgeurs d'air automatiques aux points hauts

Le tracé des tuyauteries de l'ensemble de l'installation doit permettre l'évacuation des gaz qui peuvent s'y trouver en cours de fonctionnement.

Il est conseillé d'installer des purgeurs automatiques permettant d'évacuer la totalité de l'air, assurant ainsi un fonctionnement correct de l'installation.

Des purgeurs sont également à installer en haut des collecteurs et distributeurs hydrauliques.

Piquages de vidange aux points bas et dispositif de remplissage

Le tracé des tuyauteries de l'ensemble de l'installation doit permettre le remplissage et la vidange totale de l'installation, assurés en principe par la mise en place d'une pente continue vers les piquages.

Après le rinçage de l'installation, les circuits hydrauliques doivent être vidangés dans leur totalité afin de garantir le mélange de fluide (eau glycolée/eau) préparé avant le remplissage. Les tuyaux bas doivent donc être installés avec une pente vers les piquages de vidange.

Le dispositif de remplissage peut être le même que celui de vidange. Il doit dans ce cas être accompagné d'un manomètre dans chaque circuit afin de contrôler la pression lors du remplissage et plus tard de vérifier le maintien en pression pendant le fonctionnement de l'installation.

Vannes d'arrêt et dispositifs d'équilibrage

Chaque boucle hydraulique doit comporter deux vannes d'arrêt et un organe d'équilibrage.

Les fonctions arrêt et équilibrage doivent être indépendantes. Si elles sont réalisées par le même appareil, la fonction équilibrage doit être mémorisable.

Au minimum, une boucle doit être installée par pièce chauffée afin de permettre le contrôle de la température de façon manuelle ou automatique.

Vases d'expansion

La plupart des PAC sur le marché sont équipées ou livrées avec des vases d'expansion pour les circuits hydrauliques. Il faut néanmoins vérifier dès la phase de conception que le dimensionnement des vases d'expansion est correct pour l'installation.

Capteurs de température

En fonction des sondes de température livrées avec la PAC (permettant la régulation des différentes fonctions de la PAC), des capteurs de température sont éventuellement à prévoir dans l'installation au niveau des emplacements prescrits par le fabricant.

Le bon contact thermique entre la sonde et le fluide (par doigt de gant ou collier) est facilité par une pâte thermique.

Filtres

De chaque côté de la PAC, afin d'éviter tout colmatage des échangeurs, un filtre est obligatoire (< 0,6 mm).

Isolation thermique

L'ensemble des circuits hydrauliques doit être isolé pour minimiser à la fois les pertes thermiques de l'installation et les risques de condensation éventuels.

L'isolant doit être choisi en fonction du milieu dans lequel le tube est posé.

Connexions hydrauliques à la PAC

Le raccordement des circuits hydrauliques à la PAC doit être réalisé par des flexibles afin d'éviter des efforts mécaniques sur les échangeurs. Lors de l'installation, une attention particulière est à porter au rayon de courbure minimal du flexible.

Les raccords à l'aide de flexibles à la PAC sont à effectuer avec précaution afin d'éviter la casse des raccords internes aux échangeurs de la PAC (utilisation de 2 clefs).

Des vannes d'isolement sont nécessaires pour chaque circuit de la PAC, permettant une isolation hydraulique complète de la PAC.

Ballon d'inertie

Pour les émetteurs localisés avec une faible inertie (VCV ou radiateurs), un ballon tampon supplémentaire est à intégrer dans le circuit hydraulique intérieur. Le dimensionnement de ce ballon permet d'augmenter l'inertie de la boucle hydraulique et donc de réduire les cycles de marche/arrêt de la PAC, ce qui augmente la durée de vie de cette dernière.

Fluides

Le fluide du circuit intérieur est de l'eau dans la plupart des cas.

En cas de doute d'un risque de gel des parties du circuit intérieur (coupure éventuelle d'une partie du circuit intérieur installé dans une pièce non chauffée en hiver), un mélange glycol/eau est conseillé à hauteur de 25 à 30 % de glycol.

Le mélange est dans ce cas à préparer avant le remplissage pour garantir un mélange complet du fluide dans l'ensemble de l'installation.

Pompes de distribution côté bâtiment

Comme pour la pompe côté échangeur géothermique, les pompes côté bâtiment sont généralement intégrées dans la PAC elle-même. Dans le cas contraire, les pompes doivent être sélectionnées afin d'être adaptées aux températures de fonctionnement et aux fluides caloporteurs utilisés.

Leur dimensionnement se fait selon les indications données par les fabricants et les caractéristiques du réseau hydraulique.

☞ **Observation**

Dans le cas de l'utilisation d'un mélange eau/glycol, une correction doit être faite pour les valeurs de débit car les courbes caractéristiques des pompes, déterminées pour de l'eau, surestiment les débits réels. Des facteurs correctifs, fournis par les fabricants des pompes, sont à appliquer.

Fixations et vannes d'isolement

Les fixations des tuyauteries doivent être réalisées par amortisseurs en caoutchouc afin d'éviter la transmission des vibrations.

Des vannes d'isolement sont à prévoir pour chaque émetteur au départ et au retour, permettant l'isolation complète pour travaux : un robinet manuel ou thermostatique sur le départ et un coude de réglage sur le retour sont suffisants.

Attention !
La mise en œuvre doit être effectuée par un installateur qualifié (attestation d'assurance décennale liée à l'activité exercée) et respectant les instructeurs des fabricants de l'ensemble des composants du système.

Plancher chauffant

La fixation des tubes se fait par des clips, des cavaliers ou par encastrement dans des isolants préformés.

Les revêtements recommandés sont le carrelage, le parquet collé et la moquette pour les planchers chauffants. Dans le cas d'un plancher réversible, l'utilisation de moquette ou d'un parquet flottant est fortement déconseillée.

Dans les salles de bains et les cuisines fermées, un circuit spécifique est recommandé permettant de couper l'alimentation en mode froid.

Avant de réaliser la dalle, l'étanchéité des circuits de chauffage doit être vérifiée par un essai sous pression d'eau. La pression d'essai est de 2 fois la pression de service, avec un minimum de 6 bars. Pendant la réalisation de la dalle, cette pression doit être appliquée aux canalisations.

La mise en place du revêtement du sol est effectuée après la mise en température de la dalle, suivie d'un arrêt de chauffage.

Un dispositif de sécurité, indépendant du système de régulation et fonctionnant en l'absence de courant, coupe impérativement la fourniture de chaleur dans le circuit du plancher chauffant afin que la température autour des éléments chauffants ne dépasse jamais 55 °C. Ce dispositif est à réarmement manuel.

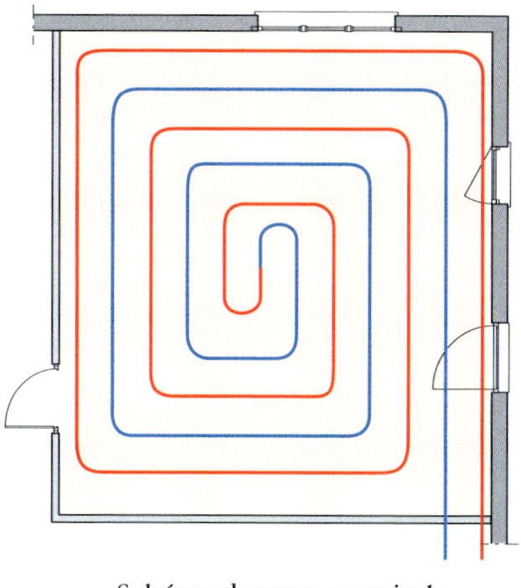

Schéma de pose en spirale

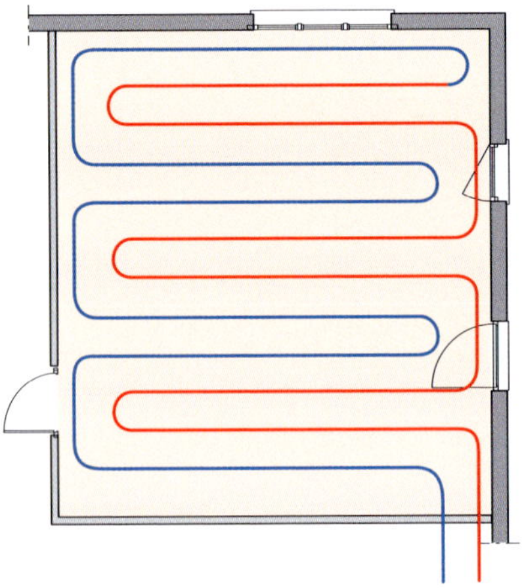

Schéma de pose en serpentin, variante 1

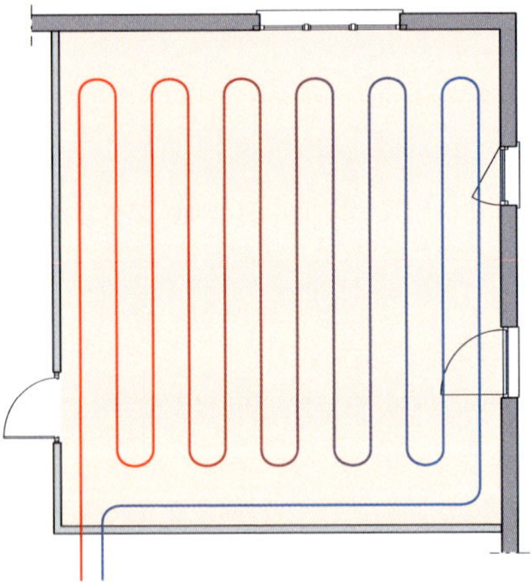

Schéma de pose en serpentin, variante 2

Ventilo-convecteur

Le ventilo-convecteur est placé en position verticale (type allège), en position horizontale (type plafonnier) ou dans un faux-plafond ou dans des combles (type gainable).

Dans ce dernier cas (gainable), on veillera à utiliser des conduits de soufflage de diamètre et de longueur permettant de respecter la pression statique disponible donnée par le fabricant du ventilo-convecteur.

Radiateur

Le radiateur est de préférence placé sur le mur extérieur et sous la fenêtre.

Dans le cas d'une porte-fenêtre, il peut être placé à côté de cette dernière, si possible à un endroit qui ne sera pas couvert par du mobilier ou d'autres éléments empêchant l'émission de chaleur.

Montage des sondes

Sonde de température extérieure

L'emplacement de la sonde de température extérieure doit être de préférence sur la façade nord du bâtiment afin de prévenir l'exposition au soleil direct.

Si la sonde ou les câbles de liaison se trouvent dans une ambiance perturbée d'un point de vue magnétique, l'utilisation d'un câble blindé est fortement conseillée.

La longueur maximale des câbles de liaison est d'environ 50 m.

Sondes d'ambiance

Le positionnement du thermostat d'ambiance est choisi selon les critères suivants :
- un endroit sans ensoleillement direct ;
- un positionnement suffisamment loin des équipements pouvant influencer la mesure ;
- un endroit permettant une mesure proche de la température moyenne de la zone.

Attention !
Le positionnement derrière des meubles est fortement déconseillé.

Installation électrique

Le câblage et les éléments de protection doivent être conformes à la législation en vigueur.

L'appareil doit être protégé contre les surtensions du côté réseau de distribution ou d'origine atmosphérique.

Le raccordement à la terre est à effectuer avant tout travail de raccordement électrique.

Il est indispensable de vérifier que la tension d'alimentation se situe dans les limites admissibles de la tension nominale.

Les raccordements au réseau d'alimentation électrique et les vérifications et contrôles correspondants doivent être réalisés conformément aux prescriptions de la norme NF C15-100.

Comme pour la mise en œuvre, la mise en service doit être effectuée par un installateur qualifié (attestation d'assurance décennale liée à l'activité exercée), respectant les instructions du fabricant de la PAC et des composants du système.

Pour la mise en service, l'ensemble de l'installation doit être terminé.

Sécurité électrique

Une partie des points suivants a déjà été mise en évidence dans la partie de la mise en œuvre. Lors de la mise en service, les précautions suivantes doivent être prises :

- mise hors tension de l'installation avant tout raccordement de la PAC et des éléments électriques des circuits ;
- vérifications :
  - des raccordements au réseau d'alimentation électrique et de la conformité des vérifications et contrôles correspondants aux prescriptions de la norme NF C15-100,
  - de la conformité de l'installation électrique au schéma électrique livré avec la PAC : le technicien chargé de la mise en service vérifie que la puissance souscrite par l'abonné est suffisante,
  - du serrage des connexions électriques,
  - de la tension d'alimentation qui doit se situer dans les limites admissibles de la tension nominale.

Vérifications de l'installation

Installation des composants

Avant le remplissage du système hydraulique avec les fluides, il est nécessaire de procéder à un contrôle approfondi du montage de l'équipement installé : l'installation est-elle conforme aux spécifications et les composants de l'équipement sont-ils correctement montés ?

Installation de l'instrumentation contrôle/commande

Afin d'éviter des mesures de correction ultérieures, il est conseillé de contrôler le montage des dispositifs de mesure et des organes de réglage. Il est important de vérifier que ces dispositifs sont bien placés et correctement montés.

Rinçage, mise en eau et purge

Rinçage et nettoyage

Un rinçage complet de l'installation avec chasses hydrauliques est recommandé avant le remplissage final et la mise en service.

Test de pression à eau de l'ensemble des réseaux hydrauliques

Côté distribution/émission

Émetteurs intégrés

Le test est à faire avant la mise en place de la dalle (voir chapitre « Distribution et émission de chaleur/froid », paragraphe « Mise en œuvre »).

Il est conseillé de garder les tubes sous pression lors des travaux afin de constater un éventuel problème au cours de la mise en œuvre (percement par un outil ou un engin de manutention).

Émetteurs localisés

Le test de pression peut se faire après la réalisation de l'ensemble de l'installation hydraulique.

La pression d'essai est de 2 fois la pression de service, avec un minimum de 6 bars.

Côté échangeurs géothermiques

Le test est à faire à la suite de la mise en place des échangeurs géothermiques (voir chapitre « Les échangeurs géothermiques », paragraphe « Conception et mise en œuvre »).

Un nouveau test de pression est à effectuer à ce stade pour vérifier l'étanchéité de l'ensemble des réseaux hydrauliques côté échangeurs géothermiques et côté bâtiment.

La pression est de 2 fois la pression de service avec un minimum de 3 bars.

> ☞ **Observation**
> *L'absence de fuites et la pression d'essai doivent être inscrites dans un rapport d'essai.*

Vidange complète

À la suite du rinçage et du test de pression, une vidange complète est à réaliser avant le remplissage final du circuit.

Remplissage avec le fluide final

Pour les circuits à fluide antigel (circuit des échangeurs géothermiques et éventuellement circuit intérieur), le mélange doit être préparé avant le remplissage.

> *Attention !*
> Ne jamais remplir les différents fluides les uns après les autres. Préparer toujours le mélange avant de l'introduire dans l'installation.

Purge

L'installation doit être purgée consciencieusement pour évacuer la totalité de l'air dans les circuits.

Mise en route des pompes de circulation

Il est recommandé de faire circuler l'eau par les pompes de circulation pendant 2 h minimum avant de mettre la PAC en route.

Avant la mise en route des pompes, l'ensemble des vannes doivent être ouvertes, permettant la circulation du fluide.

Vérification du mélange de fluide

Avant la mise en route de la PAC, le mélange eau/glycol est à vérifier à l'aide d'un densimètre ou un réfractomètre.

Un contrôle du pH avec des bandes de papier pH ou un pH-mètre est fortement recommandé.

Étiquetage

Une étiquette mentionnant que le fluide contient de l'antigel (avec le nom du produit et du fabricant, ainsi que le dosage et le pH à la mise en service) doit être apposée.

Vérifications et essais de la PAC

Vérifications préalables

Il est important de s'assurer :
– de l'absence de fuites de fluide frigorigène de la PAC ou de l'installation ;
– de l'ouverture de l'ensemble des vannes des circuits d'eau permettant la circulation d'eau dans la PAC ;
– que les pompes de circulation ne sont pas bloquées (ouverture de la vis de contrôle et vérification de la rotation libre avec un tournevis).

Mise en route de la PAC

Elle s'effectue selon les étapes suivantes :

- mise sous tension ;
- sélection du mode de fonctionnement : le thermostat d'ambiance étant réglé à sa consigne maximale, le compresseur doit démarrer après la durée de temporisation qui commence après l'enclenchement de l'interrupteur marche/arrêt du groupe thermodynamique ;
- lancement d'un cycle d'essai pour réglage des paramètres ;
- réglage du fonctionnement normal de l'installation :
  - programmation de la PAC : consignes chaud/froid (la consigne en chaud doit être largement inférieure à celle en mode froid), valeurs par défaut de l'ordre de 20 °C en mode chauffage et 26 °C en mode froid,
  - réglage des vitesses des pompes de circulation selon les instructions fournies par le fabricant.

> ☞ **Observation**
>
> *Dans tous les cas de figures, et pour les vérifications et réglages particuliers de la PAC, consulter les instructions du fabricant (exemple : choix du type d'émetteurs, etc.).*

Réception de l'installation

Les principaux points de vérification sont alors les suivants :

- Général, vérifications visuelles :
  - schéma hydraulique conforme aux spécifications ;
  - schéma électrique conforme aux spécifications ;
  - positionnement et branchement des éléments de contrôle/commande (métrologie et vannes de réglage) ;
  - isolation thermique complète de l'installation.
- Pompe à chaleur, vérifications visuelles :
  - espace libre pour l'entretien ;
  - branchement hydraulique avec conduits flexibles pour la réduction des bruits ;
  - positionnement de la PAC sur socle ou pieds éliminant la transmission de bruit ;
  - soupapes de sécurité sur les circuits intérieur et extérieur.
- Réglages, vérifications sur place ou du protocole de mise en service :
  - consignes de température et programmation ;
  - débits ;
  - dans le cas d'un système produisant l'eau chaude sanitaire, vérification du basculement entre le mode chauffage/rafraîchissement et le mode de production d'ECS ;

- vérification de la fonction délestage si existante ;
- dans le cas de plusieurs échangeurs géothermiques, le bon réglage des différents circuits est à vérifier.

• Documentation :
- plan de localisation des échangeurs géothermiques (incluant l'avertissement de l'exploitant de l'interdiction de planter des arbres sur ou à proximité directe des échangeurs géothermiques) ;
- plan de localisation des tubes du plancher chauffant ou d'autres éléments intégrés (plan de calepinage) ;
- notice d'utilisation de la PAC ;
- dans le cas d'émetteurs intégrés, étiquettes placées sur le générateur et sur le tableau électrique indiquant qu'il est interdit de percer le plancher, le plafond ou le mur car risque de percement des tubes.

Performances énergétiques et environnementales

Performances énergétiques

Outre les définitions théoriques des performances d'une PAC (voir chapitre « La pompe à chaleur »), plusieurs définitions sont disponibles pour décrire les performances d'une pompe à chaleur dans son fonctionnement réel.

Performances en termes de puissances

Calcul de base du COP

La définition de base pour la performance d'une PAC est le COP (coefficient de performance). Celui-ci est, par définition, un rapport de puissance utilisé pour des tests normatifs :

$$COP_{PAC} = \frac{P_{th\text{-}PAC}}{P_{el\text{-}PAC}}$$

avec :

$P_{th\text{-}PAC}$, la puissance calorifique produite au condenseur ;

$P_{el\text{-}PAC}$, la puissance électrique absorbée par le compresseur (en W ou kW).

Prise en compte des consommations des auxiliaires

Le COP du système PAC géothermique s'établit toujours sur la base de puissances, de la façon suivante :

$$COP_{Système} = \frac{P_{th\text{-}PAC} + P_{th\text{-}app}}{P_{el\text{-}PAC} + P_{el\text{-}app} + P_{el\text{-}aux\text{-}env}}$$

avec :

$P_{el\text{-}aux\text{-}env}$, la puissance absorbée par les auxiliaires du côté évaporateur de la PAC (en mode chauffage).

Seule la puissance de la pompe de circulation du côté de l'évaporateur a été prise en compte pour ce calcul en tant que consommation des auxiliaires.

☞ **Observation**

Le $COP_{Système}$ permettra une comparaison avec d'autres types de chauffage ou de refroidissement.

Performance globale de l'installation

Enfin, pour caractériser la performance globale de l'installation, le $COP_{Installation}$ est défini comme suit :

$$COP_{inst} = \frac{P_{th\text{-}PAC} + P_{th\text{-}app}}{P_{el\text{-}PAC} + P_{el\text{-}app} + P_{aux\text{-}env} + P_{aux\text{-}bat}} \eta_{inst}$$

avec :

P_{aux}, l'ensemble des auxiliaires côté échangeurs géothermiques et côté bâtiment ;

η_{inst}, l'efficacité de l'installation qui prend en compte les pertes au niveau de la distribution de chaleur ou de froid dans le bâtiment et les pertes au niveau de l'émission. La valeur généralement retenue pour η_{inst} est de 0,85.

Performances en termes d'énergies

Dans l'exploitation réelle de la PAC, un autre rapport est établi, permettant d'évaluer les performances annuelles sur la base des énergies.

L'ensemble des COP définis ci-dessus peuvent également être présentés sous forme d'énergies. Ce type de COP est donc défini comme le rapport de l'énergie fournie sur une période donnée (idéalement une saison de chauffe ou de refroidissement) à la consommation d'énergie électrique consommée par la pompe à chaleur (dans le cas du COP_{PAC}).

De façon identique, on définit le coefficient de performance énergétique de refroidissement ou EER (*energy efficient ratio*) qui permet de déterminer le rendement énergétique d'une installation en mode refroidissement.

Maintenance

Tout travail d'entretien, de réparation et de maintenance doit être effectué par une entreprise qualifiée respectant le décret du 7 mai 2007 (Code de l'environnement, art. R. 543-75/123).

En France, pour les PAC contenant plus de 2 kg de fluide frigorigène :
- un contrôle périodique d'étanchéité du circuit frigorigène est obligatoire ;
- un registre doit être tenu contenant les quantités et types de fluides, ajoutés ou récupérés, les dates et résultats des contrôles, l'identification du technicien et de l'entreprise ;
- après détection d'une fuite, une vérification est à effectuer un mois après la mise en pression ;
- le recyclage, la régénération ou la destruction du fluide est à assurer par l'exploitant.

La vérification annuelle à prévoir sur la PAC comprend les points de contrôle suivants :
- étanchéité du circuit frigorifique ;

– serrage des alimentations électriques ;
– dosage et pH du mélange eau/glycol ;
– encrassement des filtres d'eau (au moins une fois par an) ;
– fuites éventuelles d'eau (pression) et d'huile ;
– sécurités haute et basse pressions du circuit frigorifique.

Des vérifications concernant le fonctionnement global de l'installation sont également recommandées. Elles incluent les pompes de circulation, les vannes de régulation, la vérification des mesures de température, etc. garantissant un fonctionnement correct de l'installation.

Attention !
Avant toute intervention de maintenance de la PAC, il est obligatoire de couper la tension d'alimentation.

☞ **Observation**
Un contrat d'entretien avec un installateur ou une société de maintenance qualifiés est conseillé afin de garantir le bon fonctionnement de l'installation. Il est également conseillé de remplir un carnet d'entretien.

Défauts et réparations

Tout travail de réparation doit être effectué par une entreprise qualifiée respectant le décret du 7 mai 2007 (Code de l'environnement, art. R. 543-75/123).

Attention !
Avant de procéder à un dépannage, il est indispensable de lire attentivement le mode d'emploi de la PAC installée. Un dépannage sans procédure particulière pourrait provoquer des dommages encore plus importants sans pour autant en supprimer la cause.

Les sources de pannes ne concernent pas seulement la PAC elle-même, mais également les autres éléments de l'installation tels que le circuit électrique, le circuit des échangeurs géothermiques ou le circuit de chauffage du bâtiment avec ses composants.

Le tableau ci-dessous récapitule quelques pannes ou défauts types.

Problème	Défaut possible
Émetteur de chaleur ne chauffant/rafraîchissant pas	• Air dans le circuit hydraulique • Réglage consigne ou régulateur • Défaut ou blocage de pompe • Défaut de sonde de température • Défaut vanne mélangeuse sur la boucle hydraulique • Circuit hydraulique encrassé • Délestage
Pompe à chaleur ne fournissant pas la puissance nécessaire	• Échangeurs encrassés (évaporateur et condenseur, circuit intérieur de la PAC ou circuit extérieur) • Manque de fluide frigorigène • Température des échangeurs géothermiques trop basse ou trop élevée (modes chaud ou froid) • Débits insuffisants dans les circuits intérieurs et extérieurs (pompes défectueuses ou bloquées) • Défaut sur la PAC, par exemple, vanne d'inversion de cycle coincée ou fuyarde
Problème d'alimentation électrique de la PAC ou des éléments de la PAC	• Alimentation électrique interrompue (interrupteur, disjoncteur, etc.) • Mode délestage actif • PAC en mode arrêt (interrupteur ou programmation) • Vannes de départ des circuits des émetteurs fermées à cause d'une demande nulle d'énergie • PAC interrompue par un défaut (mesure, commande, etc.) • Alimentation interne des relais ou commandes défectueuses • Régulateur terminal ou de la PAC défectueux • Coupure du relais de protection contre la surintensité
Le compresseur ne démarrant pas	• Débits côté échangeurs géothermiques ou émetteurs de chaleur non suffisants • Pompes défectueuses ou bloquées • Filtres encrassés • Air dans un des circuits hydrauliques • Pressostat déclenché ou défectueux • Thermostat antigel déclenché ou défectueux • Vanne d'arrêt fermée • Fuite dans un des deux circuits hydrauliques

Durée et fin de vie de l'installation

Durée de vie

La vérification et l'entretien régulier de la PAC et du compresseur sont essentiels pour garantir de bonnes performances et une durée de vie acceptable. En règle générale, on peut estimer la durée de vie d'une PAC à 15 ans.

La durée de vie des échangeurs géothermiques est bien plus élevée que celle des PAC. Difficile de garantir une durée de vie très précise, elle peut certainement atteindre les 50 ans, voire plus. C'est pour cela qu'il faut appréhender le coût d'investissement d'un système de PAC géothermique autrement, les échangeurs géothermiques pouvant être utilisés pour plusieurs « vies » de PAC.

Récupération des fluides frigorigènes

Le décret du 7 mai 2007 (Code de l'environnement, art. R. 543-75/123) définit les modalités de récupération des fluides frigorigènes en fin de vie de la PAC. Ce retrait et cette récupération doivent être effectués par une entreprise qualifiée respectant le décret.

Attention !
En fin de vie ou, si nécessaire, lors de la maintenance, il est essentiel et obligatoire de récupérer le mélange eau/glycol pour destruction ou recyclage auprès d'organismes agréés.

Glossaire

Capteur horizontal

Échangeur géothermique horizontal. Il s'agit de nappes de tubes placées à 50-150 cm de profondeur.

Il existe des variantes où les tubes sont disposés à deux, voire trois niveaux, intégrés dans des tranchées.

Les performances du capteur horizontal dépendant principalement du climat extérieur.

Circuit hydraulique

Circuit comprenant des tuyauteries ou conduits, des pompes et d'autres composants (PAC, échangeurs géothermiques) servant au transport de la chaleur.

Circuit géothermique

Circuit comprenant des échangeurs géothermiques, des tuyauteries, des pompes, et servant au transport de la chaleur extraite des échangeurs géothermiques vers la PAC.

Corbeille

Échangeur vertical en serpentin. La corbeille est caractérisée par une profondeur de 3 à 10 m de profondeur, avec un coût de forage réduit par rapport à la sonde verticale.

Les performances de la corbeille sont en partie dépendantes du climat extérieur.

ECS

Eau chaude sanitaire.

Échangeur géothermique

Échangeur de chaleur intégré dans le sol permettant une extraction ou une injection de chaleur. Cet échangeur est couplé à une pompe à chaleur. Les échangeurs typiquement utilisés sont les sondes verticales, les capteurs horizontaux, les corbeilles ou les fondations d'un bâtiment.

Émetteur de chaleur

Système permettant de chauffer, de refroidir ou de rafraîchir une pièce ou une zone d'un bâtiment. Les émetteurs courants adaptés aux PAC géothermiques sont le plancher chauffant, le radiateur à eau chaude, le ventilo-convecteur ou des murs chauffants.

Fluide caloporteur

Fluide utilisé pour les transferts de chaleur entre les composants d'une installation.

PAC

Pompe à chaleur.

Pompe de circulation

Pompe permettant la circulation d'un fluide (eau ou eau glycolée) dans les échangeurs géothermiques et les émetteurs de chaleur dans le bâtiment.

Réfrigérant

Fluide permettant de réaliser le cycle thermodynamique de la pompe à chaleur. Ce fluide passe dans le cycle thermodynamique de la pompe à chaleur, dans l'évaporateur, le compresseur, le condenseur et l'organe de détente.

Sonde verticale

Échangeur géothermique vertical. Cet échangeur est intégré dans le sol dans un forage d'une profondeur de 60 à 100 m.

La sonde est dite « en U » pour un tube descendant et un tube remontant et « double U » pour deux tubes descendants et deux tubes remontants.

Il existe également des sondes coaxiales avec plusieurs tubes descendants sur le périphérique et un grand tube remontant au centre.

Les performances de la sonde verticale sont quasiment indépendantes du climat extérieur.

Système de régulation

Dispositif permettant de commander le transfert de l'énergie.

Réglementation, normes et autres documents de référence

Réglementation

Directive 2002/31/CE de la Commission du 22 mars 2002 portant modalités d'application de la directive 92/75/CEE du Conseil en ce qui concerne l'indication de la consommation d'énergie des climatiseurs à usage domestique.

Directive 2010/30/UE du 19 mai 2010 du Parlement européen et du Conseil concernant l'indication, par voie d'étiquetage et d'informations uniformes relatives aux produits, de la consommation en énergie et en autres ressources des produits liés à l'énergie.

Décret n° 92-1271 du 7 décembre 1992 relatif à certains fluides frigorigènes utilisés dans les équipements frigorifiques et climatiques.

Décret n° 98-560 du 30 juin 1998 modifiant le décret n° 92-1271 du 7 décembre 1992 relatif à certains fluides frigorigènes utilisés dans les équipements frigorifiques et climatiques.

Décret n° 2000-1153 du 29 novembre 2000 relatif aux caractéristiques thermiques des constructions modifiant le Code de la construction et de l'habitation et pris pour l'application de la loi n° 96-1236 du 30 décembre 1996 sur l'air et l'utilisation rationnelle de l'énergie.

Décret n° 2006-1099 du 31 août 2006 relatif à la lutte contre les bruits de voisinage et modifiant le Code de la santé publique (dispositions réglementaires).

Décret n° 2007-737 du 7 mai 2007 relatif à certains fluides frigorigènes utilisés dans les équipements frigorifiques et climatiques.

Décret n°210-349 du 31 mars 2010 relatif à l'inspection des systèmes de climatisation et des pompes à chaleur réversibles prévoit une inspection obligatoire des systèmes de climatisation et des pompes à chaleur réversibles d'une puissance frigorifique nominale supérieure à 12 kW, et ce à compter d'avril 2013.

Arrêté du 23 juin 1978 installation destinée au chauffage et à l'alimentation en eau chaude sanitaire des bâtiments d'habitation, de bureaux ou recevant du public (installations fixes).

Arrêté du 10 février 1993 relatif à la récupération de certains fluides frigorigènes utilisés dans les équipements frigorifiques et climatiques.

Arrêté du 30 juin 1999 relatif aux caractéristiques acoustiques des bâtiments d'habitation.

Arrêté du 30 juin 1999 relatif aux modalités d'application de la réglementation acoustique.

Arrêté du 12 janvier 2000 relatif au contrôle d'étanchéité des éléments assurant le confinement des fluides frigorigènes utilisés dans les équipements frigorifiques et climatiques.

Arrêté du 29 novembre 2000 relatif aux caractéristiques thermiques des bâtiments nouveaux et des parties nouvelles de bâtiments.

Circulaire conjointe n° 2000-5 - n° 2000-73 du 28 janvier 2000 relative à l'application de la réglementation acoustique dans les bâtiments d'habitation neufs.

Nota : Il n'existe pas actuellement de normes ou de règlements concernant spécifiquement la mise en œuvre des capteurs enterrés.
Pour les capteurs verticaux, tout forage effectué à une profondeur supérieure à 10 m doit être soumis à une déclaration de sondage à la DRIRE de la région avant le début des travaux (article 131 du Code minier).
Il est nécessaire de vérifier auprès des autorités locales, mairie de la commune ou DDASS du département, si la zone de forage ne se situe pas dans un périmètre de protection d'un prélèvement d'eau potable. De même, il est nécessaire de vérifier auprès de la DIREN si la zone de forage ne se situe pas dans un périmètre de protection du patrimoine.
Ces démarches sont de la responsabilité du maître d'ouvrage, et peuvent être effectuées par le maître d'œuvre ou par le foreur en son nom.

Normes

Normes DTU

NF DTU 65.11 - Travaux de bâtiment - Dispositifs de sécurité des installations de chauffage central concernant le bâtiment

- Partie 1-1 : cahier des clauses techniques (P52-203-1-1), septembre 2007.
- Partie 1-2 : critères généraux de choix des matériaux (P52-203-1-2), septembre 2007.

Normes électriques

NF C15-100 - Installations électriques à basse tension (C15-100), décembre 2002+ mise à jour juin 2005.

UTE C15-755 - Installations électriques à basse tension - Guide pratique - Installations électriques d'origines différentes dans un même local et dont les exploitations sont placées sous des responsabilités différentes (C15-755), février 2005.

UTE C18-510 - Recueil d'instructions générales de sécurité d'ordre électrique (C18-510), novembre 1988 + mise à jour 2004.

NF EN 60335-2-40 - Appareils électrodomestiques et analogues - Sécurité - Partie 2-40 : règles particulières pour les pompes à chaleur électriques, les climatiseurs et les déshumidificateurs (C73-840), octobre 2005.

NF EN 60335-2-40/A1 - Appareils électrodomestiques et analogues - Sécurité -

Partie 2-40 : règles particulières pour les pompes à chaleur électriques, les climatiseurs et les déshumidificateurs (C73-840/A1), octobre 2006.

NF EN 60335-2-40/A2 - Appareils électrodomestiques et analogues - Sécurité - Partie 2-40 : règles particulières pour les pompes à chaleur électriques, les climatiseurs et les déshumidificateurs (C73-840/A2), juin 2009.

NF EN 60335-2-40/A11 - Appareils électrodomestiques et analogues - Sécurité - Partie 2-40 : règles particulières pour les pompes à chaleur électriques, les climatiseurs et les déshumidificateurs (C73-840/A11), novembre 2005.

NF EN 60335-2-40/A12 - Appareils électrodomestiques et analogues - Sécurité - Partie 2-40 : règles particulières pour les pompes à chaleur électriques, les climatiseurs et les déshumidificateurs (C73-840/A12), novembre 2005.

NF EN 60335-2-51 (septembre 2005) - Appareils électrodomestiques et analogues - Sécurité - Partie 2-51 : règles particulières pour les pompes de circulation fixes pour installations de chauffage et de distribution d'eau + Amendement A1 (C73-851), septembre 2008.

Normes produits

NF E35-421 - Systèmes frigorifiques et pompes à chaleur - Méthode d'essai des matériels de récupération, de recyclage et de régénération des fluides frigorigènes utilisés dans les systèmes frigorifiques et les pompes à chaleur (E35-421), décembre 1993.

NF E38-130 - Pompes à chaleur industrielles entraînées par moteur électrique - Méthodes d'essai (E38-130), décembre 1998.

NF EN 255-3 - Climatiseurs, groupes refroidisseurs de liquide et pompes à chaleur avec compresseur entraîné par moteur électrique. Mode chauffage - Partie 3 : essais et exigences de marquage pour les appareils pour eau chaude sanitaire (E38-115-3), octobre 1997.

NF EN 378-1 - Systèmes de réfrigération et pompes à chaleur - Exigences de sécurité et d'environnement - Partie 1 : Exigences de base, définitions, classification et critères de choix (E35-404-1), avril 2008.

NF EN 378-2/IN1 - Systèmes de réfrigération et pompes à chaleur - Exigences de sécurité et d'environnement - Partie 2 : conception, construction, essais, marquage et documentation (E35-404-2/IN1), juillet 2009.

NF EN 378-2+A1 - Systèmes de réfrigération et pompes à chaleur - Exigences de sécurité et d'environnement - Partie 2 : conception, construction, essais, marquage et documentation (E35-404-2), juillet 2009.

NF EN 378-3 - Systèmes de réfrigération et pompes à chaleur - Exigences de sécurité et d'environnement - Partie 3 : installation in situ et protection des personnes (E35-404-3), avril 2008.

NF EN 378-4 - Systèmes de réfrigération et pompes à chaleur - Exigences de sécurité et d'environnement - Partie 4 : fonctionnement, maintenance, réparation et récupération (E35-404-4), juin 2008.

NF EN 442-1 - Radiateurs et convecteurs - Partie 1 : spécifications et exigences techniques + Amendement A1 (P52-011-1), avril 1996 + décembre 2003.

NF EN 442-2 - Radiateurs et convecteurs - Partie 2 : méthodes d'essai et d'évaluation + Amendement A1 (octobre 2000) + Amendement A2 (P52-011-2), février 1997 + décembre 2003.

NF EN 442-3 - Radiateurs et convecteurs - Partie 3 : évaluation de la conformité (P52-011-3), janvier 2004.

NF EN 832 - Performance thermique des bâtiments - Calcul des besoins d'énergie pour le chauffage - Bâtiments résidentiels (P50-730), août 1999.

NF EN 1151-1 - Pompes - Pompes rotodynamiques - Circulateurs de puissance absorbée n'excédant pas 200 W, destinés au chauffage central et à la distribution d'eau chaude sanitaire domestique - Partie 1 : circulateurs non auto-régulés, exigences, essais, marquage (P52-101-1), août 2006.

NF EN 1264-1 - Chauffage par le sol - Systèmes et composants - Partie 1 : Définitions et symboles (P52-400-1), novembre 1998.

NF EN 1264-2 - Systèmes de surfaces chauffantes et rafraîchissantes hydrauliques intégrées - Partie 2 : chauffage par le sol : méthodes de démonstration pour la détermination de l'émission thermique utilisant des méthodes par le calcul et à l'aide de méthodes d'essai (P52-400-2), janvier 2009.

NF EN 1264-3 - Chauffage par le sol - Systèmes et composants - Partie 3 : Dimensionnement (P52-400-3), novembre 1998.

NF EN 1264-4 - Chauffage par le sol - Systèmes et composants - Partie 4 : Installation (P52-400-4), février 2002.

NF EN 1264-5 - Systèmes de surfaces chauffantes et rafraîchissantes hydrauliques intégrées - Partie 5 : surfaces chauffantes et rafraîchissantes intégrées dans les sols, les plafonds et les murs - Détermination de l'émission thermique (P52-400-5), janvier 2009.

NF EN 1736 - Systèmes de réfrigération et pompes à chaleur - Éléments flexibles de tuyauterie, isolateurs de vibration, joints de dilatation et tubes non métalliques - Exigences, conception et installation (E35-405), janvier 2009.

NF EN 1861 - Systèmes de réfrigération et pompes à chaleur - Schémas synoptiques pour systèmes, tuyauteries et instrumentation - Configuration et symboles (E35-415), juillet 1998.

NF EN 12098-1 - Régulation pour les systèmes de chauffage - Partie 1 : équipements de régulation en fonction de la température extérieure pour les systèmes de chauffage à eau chaude (P52-701-1), septembre 1996.

NF EN 12102 - Climatiseurs, groupes refroidisseurs de liquide, pompes à chaleur et déshumidificateurs avec compresseur entraîné par moteur électrique pour le chauffage et la réfrigération - Mesure de bruit aérien émis - Détermination du niveau de puissance acoustique. (S31-121), juillet 2008.

NF EN 12170 - Systèmes de chauffage dans les bâtiments - Instructions de conduite, maintenance et utilisation - Systèmes de chauffage exigeant un opérateur professionnel (P52-610), juillet 2003.

NF EN 12171 - Systèmes de chauffage dans les bâtiments - Instructions de conduite, maintenance et utilisation - Systèmes de chauffage ne requérant pas pour leur conduite l'intervention d'un professionnel (P52-611), juin 2003.

NF EN 12309-1 - Appareils de climatisation et/ou pompes à chaleur à ab- et adsorption fonctionnant au gaz de débit calorifique sur PCI inférieur ou égal à 70 kW - Partie 1 : sécurité (E35-600-1), décembre 1999.

NF EN 12309-2 - Appareils de climatisation et/ou pompes à chaleur à ab- et adsorption fonctionnant au gaz de débit calorifique sur PCI inférieur ou égal à 70 kW - Partie 2 : utilisation rationnelle de l'énergie (E35-600-2), août 2000.

NF EN 12613 - Dispositifs avertisseurs à caractéristiques visuelles, en matière plastique, pour câbles et canalisations enterrés (T54-080), août 2009.

NF EN 12693 - Systèmes de réfrigération et pompes à chaleur - Exigences de sécurité et d'environnement - Compresseurs volumétriques pour fluides frigorigènes (E35-412), juillet 2008.

NF EN 12828 - Systèmes de chauffage dans les bâtiments - Conception des systèmes de chauffage à eau (P52-602), mars 2004.

NF EN 12831 - Systèmes de chauffage dans les bâtiments - Méthode de calcul des déperditions calorifiques de base (P52-612), mars 2004.

NF EN 13136 - Systèmes de réfrigération et pompes à chaleur - Dispositifs de surpression et tuyauteries associées - Méthodes de calcul (E35-413), août 2001.

NF EN 13136/A1 - Systèmes de réfrigération et pompes à chaleur - Dispositifs de surpression et tuyauteries associées - Méthodes de calcul (E35-413/A1), octobre 2005.

NF EN 13215 - Unités de condensation pour la réfrigération - Conditions de détermination des caractéristiques, tolérances et présentation des performances du fabricant (E35-453), juin 2000.

NF EN 13313 - Systèmes de réfrigération et pompes à chaleur - Compétence du personnel (E35-420), février 2002.

NF EN 14276-1 - Équipements sous pression pour systèmes de réfrigération et pompes à chaleur - Partie 1 : récipients - Exigences générales (E35-414-1), octobre 2006.

NF EN 14336 - Systèmes de chauffage dans les bâtiments - Installation et commissionnement des systèmes de chauffage à eau (P52-614), mars 2005.

NF EN 14511-1 - Climatiseurs, groupes refroidisseurs de liquide et pompes à chaleur avec compresseur entraîné par moteur électrique pour le chauffage et la réfrigération des locaux - Partie 1 : termes et définitions (E38-116-1), janvier 2008.

NF EN 14511-2 - Climatiseurs, groupes refroidisseurs de liquide et pompes à chaleur avec compresseur entraîné par moteur électrique pour le chauffage et la réfrigération des locaux - Partie 2 : conditions d'essai (E38-116-2), janvier 2008.

NF EN 14511-3 - Climatiseurs, groupes refroidisseurs de liquide et pompes à chaleur avec compresseur entraîné par moteur électrique pour le chauffage et la réfrigération des locaux - Partie 3 : méthodes d'essai (E38-116-3), janvier 2008.

NF EN 14511-4 - Climatiseurs, groupes refroidisseurs de liquide et pompes à chaleur avec compresseur entraîné par moteur électrique pour le chauffage et la réfrigération des locaux - Partie 4 : exigences (E38-116-4), janvier 2008.

NF EN 15265 - Performances thermiques des bâtiments - Calcul des besoins d'énergie pour le chauffage et le refroidissement des locaux - Critères généraux et procédures de validation (P50-782), juillet 2008.

NF EN 15316-1 - Systèmes de chauffage des bâtiments - Méthode de calcul des exigences énergétiques et des rendements de systèmes - Partie 1 : généralités (P52-617-1), mai 2008.

NF EN 15316-4-2 - Systèmes de chauffage dans les bâtiments - Méthode de calcul des besoins énergétiques et des rendements des systèmes - Partie 4.2 : Systèmes de génération de chauffage des locaux - Systèmes de pompes à chaleur (P52-617-4-2), janvier 2010.

NF EN 15378 - Systèmes de chauffage dans les bâtiments - Inspection des chaudières et des systèmes de chauffage (P52-319), juin 2008.

NF EN 15450 - Systèmes de chauffage dans les bâtiments - Conception des systèmes de chauffage par pompe à chaleur (P52-619), janvier 2009.

NF EN 15459 - Performance énergétique des bâtiments - Procédure d'évaluation économique des systèmes énergétiques des bâtiments (P52-601), avril 2009.

NF EN ISO 13370 - Performance thermique des bâtiments - Transfert de chaleur par le sol - Méthodes de calcul (P50-736), avril 2008.

NF EN ISO 13790 - Performance thermique des bâtiments - Calcul des besoins d'énergie pour le chauffage des locaux (P50-773), novembre 2004.

NF P52-612/CN - Systèmes de chauffage dans les bâtiments - Méthode de calcul des déperditions calorifiques de base - Complément national à la norme NF EN 12831 - Valeurs par défaut pour les calculs des articles 6 à 9 (P52-612/CN), février 2005.

NF X08-100 - Couleurs - Tuyauteries rigides - Identification des fluides par couleurs conventionnelles (X08-100), février 1986.

NF X10-970 - Forage d'eau et de géothermie - Sonde géothermique verticale (échangeur géothermique vertical en U avec liquide caloporteur en circuit fermé) - Réalisation, mise en œuvre, entretien, abandon (indice de classement : X10-970), 1er août 2010.

XP CEN/TS 14825 - Climatiseurs, groupes refroidisseurs de liquide et pompes à chaleur avec compresseur entraîné par moteur électrique pour le chauffage et la réfrigération - Essais et détermination des caractéristiques à charge partielle (E38-117), juin 2004.

XP E35-424-1 - Systèmes de réfrigération et pompes à chaleur - Qualification de l'étanchéité des composants - Partie 1 : composants statiques (raccords, disques de rupture, assemblages à bride ou à raccord) (E35-424-1), février 2006.

XP E35-424-2 - Systèmes de réfrigération et pompes à chaleur - Qualification de l'étanchéité des composants - Partie 2 : composants semi-statiques (détendeurs, vannes et robinets, valves de remplissage, pressostats, soupapes de sûreté contre les surpressions) (E35-424-2), décembre 2007.

Cahiers de prescriptions techniques

Planchers réversibles à eau basse température (GS 14). Cahier des Prescriptions Techniques sur la conception et la mise en œuvre, *Cahiers du CSTB*, Cahier n° 3164, livraison 403, octobre 1999.

Autres documents de référence

Certification EUROVENT

La certification européenne EUROVENT a été mise en place par les constructeurs de matériel de climatisation, dans le but de garantir les performances annoncées dans leurs catalogues.

La certification EUROVENT est basée sur des normes et des recommandations :

– EN 12055 pour les essais frigorifiques ;

– EN 255 pour les essais calorifiques concernant les unités réversibles ;

– ISO 3744, ISO 9614 et EUROVENT 8/1 pour les essais acoustiques.

Marque NF Pompes à chaleur

CERTITA délivre la marque NF sous mandatement d'AFNOR Certification pour les pompes à chaleur (PAC) pour la fonction chauffage des locaux, les pompes à chaleur dédiées aux piscines, pour une utilisation saisonnière et/ou annuelle installées à l'extérieur ou à l'intérieur d'un bâtiment et les pompes à chaleur couvrant les deux applications (ci-avant citées).

Il s'agit des pompes à chaleur d'une puissance calorifique inférieure ou égale à 100 kW pour la fonction chauffage des locaux. Dans le cas d'un même produit pouvant fonctionner en capteurs enterrés ou en eau de nappe, la limite de puissance de 100 kW est applicable sur l'appareil de plus faible puissance.

La détermination des caractéristiques certifiées des PAC mixtes est faite indépendamment pour chaque application avec son échangeur. Le fonctionnement des 2 applications en simultané n'est pas pris en compte.

Les caractéristiques certifiées de ces pompes à chaleur sont :
– coefficient de performance (COP) ;
– puissance calorifique ;
– niveau de puissance acoustique.

Avis Techniques

L'ensemble des Avis Techniques est consultable sur le site internet du CSTB : www.cstb.fr.

Sites Internet

ADEME, Agence de l'environnement et de la maîtrise de l'énergie : http://www.ademe.fr.

AFPAC, Association française pour les pompes à chaleur : http://www.afpac.org.

AQC, Agence qualité construction : http://www.qualiteconstruction.com.

BFE, *Bundesamt für Energie* : http://www.bfe.admin.ch.

BRGM, Bureau de recherches géologiques et minières : http://www.brgm.fr.

Certita (liste de pompes à chaleur certifiées) : http://www.certita.org/listePompes.php.

Géothermie en Suisse : http://www.geothermie.ch.

Géothermie perspectives : http://www.geothermie-perspectives.fr.

Groupement promotionnel suisse pour les pompes à chaleur : http://www.pac.ch.

Aides financières

Crédit d'impôt

Les pompes à chaleur peuvent donner droit à crédit d'impôt sous certaines conditions que l'on peut consulter sur le site http://www.impot.gouv.fr.

Agence nationale pour l'amélioration de l'habitat

L'ANAH accorde des aides sous conditions de ressources pour les propriétaires occupants. Le logement doit avoir plus de 15 ans et être une résidence principale ou celle de locataires.
Les conditions d'attribution des subventions sont spécifiées sur le site Internet de l'ANAH, http://www.anah.fr.

Prêts EDF

Les conditions d'attribution du prêt Vivrélec Habitat Neuf sont consultables sur http://www.particuliers.edf.fr.

ADEME

Dans certains cas, L'Agence de l'environnement et de la maîtrise de l'énergie peut subventionner ce type d'installations pour des réalisations exemplaires (à capteurs verticaux, par exemple) en habitat collectif ou pour des locaux tertiaires. Site à consulter : http://www.ademe.fr.

Index

Déjà parus dans les collections

Collection Guide Pratique

Les règles de construction
Mieux les connaître pour mieux les appliquer
Présentation de l'ensemble des textes techniques et réglementaires régissant l'acte de construire

Les signes de qualité dans le bâtiment
Mieux les connaître pour mieux les utiliser : certifications, qualifications, classements...
Répertoire des signes de qualité existant dans le bâtiment et de leurs spécificités

Fondations
Conception, dimensionnement et réalisation Maisons individuelles et bâtiments assimilés
En application des DTU 13.12, 13.3 et 20.1

Maçonneries
Murs intérieurs et extérieurs
En application des NF DTU 20.1 et 20.13

Les planchers
Conception et exécution
En application des Règles de calcul, des DTU et des CPT planchers

Les escaliers
Conception, dimensionnement, exécution : escalier en bois, métal, verre, maçonnerie, pierre naturelle...
En application des textes réglementaires, normes et règles consacrées par l'usage

Construction d'une cheminée
Foyers ouverts et fermés. Conduits maçonnés et métalliques
En application des DTU 24.2.1 et 24.2.2

Les couvertures en tuiles
Tuiles de terre cuite - tuiles en béton
En application des DTU 40.21, 40.211, 40.22, 40.23, 40.24, 40.241, 40.25

Étanchéité des toitures-terrasses
Conception et réalisation
En application des DTU 43.1, 43.3, 43.4 et 43.5

Façades rideaux
Performances, mise en œuvre, entretien et maintenance
En application de la norme NF DTU 33.1

Les enduits de façade
Mise en œuvre des enduits minéraux sur supports neufs et anciens
En application de la norme NF DTU 26.1 et de la certification « Certifié CSTB Certified » des mortiers d'enduits monocouches

Le ravalement de façade
Par application de revêtements
En application des DTU 42.1, 59.1 et 59.2

Salissures de façade : comment les éviter ?
Exemples de solutions techniques
Diagnostic des causes de salissures et solutions pour les prévenir ou y remédier

Ouvrages en plaques de plâtre
Plafonds, habillages, cloisons, doublages, parois de gaines techniques
En application des normes NF DTU 25.41, 25.42

Plafond Rayonnant Plâtre (PRP)
En application des Avis Techniques et du DTU 25.41

Plancher Rayonnant Electrique (PRE)
En application des Avis Techniques, du CPT PRE 09/07, de la norme NF DTU 26.2, du DTU 52.1 et du DTU 26.2/52.1

Garde-corps de bâtiments
Fonction, conception et dimensionnement
En application de l'article R. 111-15 du Code de la construction et de l'habitation (CCH) et des normes NF P01-012 et P01-013

Les vérandas
Conception, construction, entretien, maintenance
En application des règles professionnelles SNFA et du référentiel du CSTB pour l'homologation des systèmes de vérandas